mathe 2000

Das Zahlenbuch 1

für

....

von Erich Ch. Wittmann und Gerhard N. Müller

Unter Beratung von

Claudia Anduleit, Weilrod; Melanie Bischoff, Bochum; Nina Drechsler, Köln; Dorothee Fauteck, Tübingen; Torsten Fritzlar, Halle (Saale); Cathrin Gomann, Heidelberg; Daniela Götze, Anröchte; Brigitta Hering, Hamburg; Antje Hoffmann, Oldenburg; Till Hübscher, Dortmund; Melanie Loock, Schwerte; Miriam Lüken, Hannover; Andreas Moritz, Großefehn; Ute Planz, Rottenburg; Tanja Reines, Vallendar; Simone Reinhold, Hannover; Kathrin Riedel, Leipzig; Ulrich Schwätzer, Dortmund; Claudia Trawny, Hamburg; Karla Winkler, Weilrod; Rudi Wolff, Rüdesheim; Gudrun Wrage, Bargteheide

Ernst Klett Verlag
Stuttgart · Leipzig

Inhaltsverzeichnis

Ausgewiesene inhaltsbezogene Kompetenzbereiche: ■ Zahlen und Operationen ■ Raum und Form ■ Größen und Messen, Sachrechnen ■ Daten, Häufigkeit und Wahrscheinlichkeit. Der Bereich Muster und Strukturen ist integraler Bestandteil aller dieser Bereiche. Die Förderung der prozessbezogenen Kompetenzen (Modellieren, Problemlösen, Argumentieren, Kommunizieren, Darstellen) durchzieht das ZAHLENBUCH und wird gezielt auf den grün unterlegten Seiten angesprochen.

Integrierende Übungen

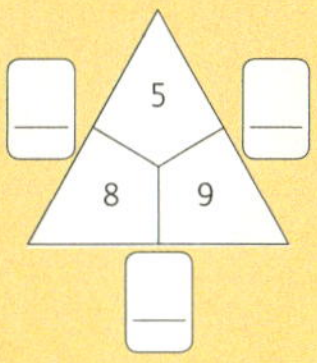

Vertiefende Übungen

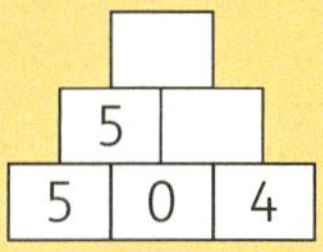

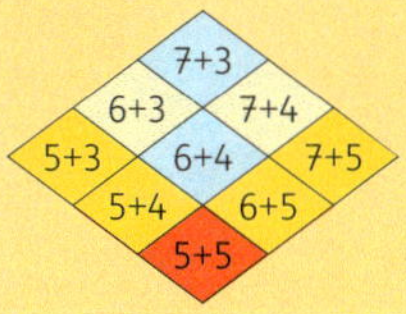

Ergänzende Übungen

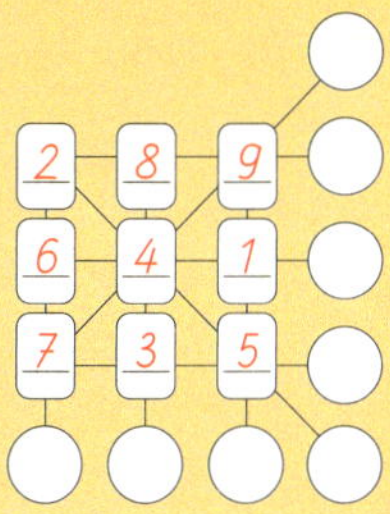

Mini-Projekte

Blitzrechnen

Schreibe in dein Heft.

? Finde eine passende Frage.

„unerschöpfliche" Aufgabenfülle

Partnerarbeit

„Schnüffelaufgaben"

„Forschen und Finden"

Mathekonferenz

⚡ *Blitzrechnen*
→ weist auf passende Seiten im Arbeitsheft sowie den Heften „Verstehen und Trainieren" und „Probieren und Kombinieren" hin. Die Mini-Projekte sind zeitlich passend einzuordnen bzw. mit entsprechenden Themen des Sachunterrichts zu kombinieren.

1

2

3

4

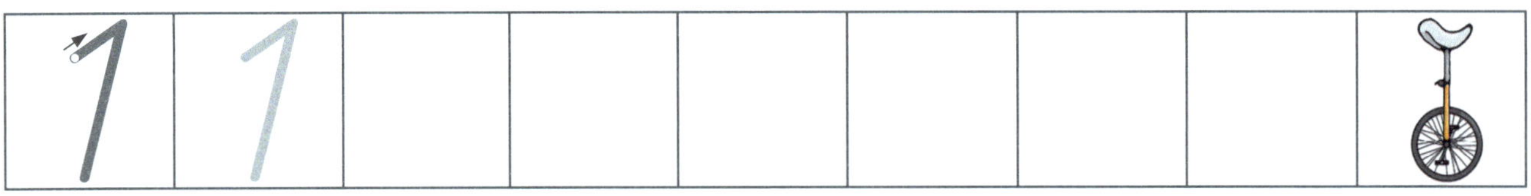

An Vorkenntnisse der Kinder anknüpfen. Evtl. Material des Zahlenbuch-Frühförderprogramms einbeziehen.
1 Zahlenmuster mit Plättchen nachlegen. **2** Anzahlen bestimmen und Karten durch Verbindungslinien zuordnen. **3** Beginn des Ziffernschreibkurses: Zickzacklinie als Vorübung zur Ziffer 1. **4** Ziffer 1 schreiben. Zahl 1 in der Umwelt ansprechen.

5

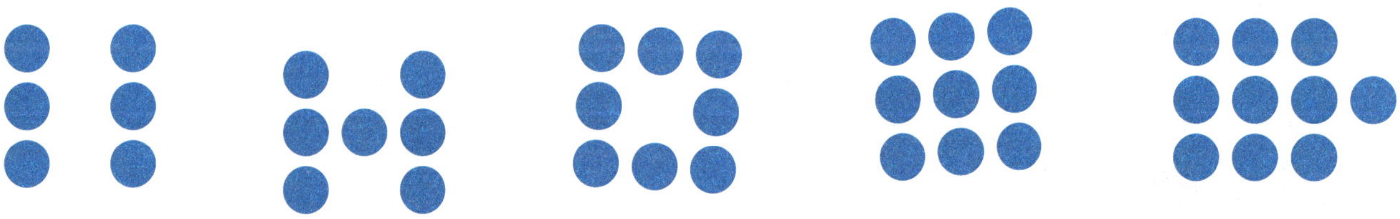

6

7

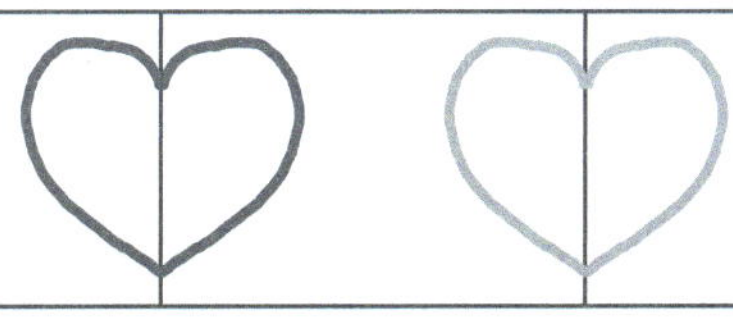

8

2 2

An Vorkenntnisse der Kinder anknüpfen. Evtl. Material des Zahlenbuch-Frühförderprogramms einbeziehen.
5, 6 Zahlen 6 bis 10 getrennt oder zusammen mit den analogen Aufgaben von Seite 4 behandeln. **7** Herz als Vorbereitung der Ziffer 2. **8** Ziffer 2 schreiben. Zahl 2 in der Umwelt ansprechen. → Arbeitsheft, Seiten 3, 4

1

2

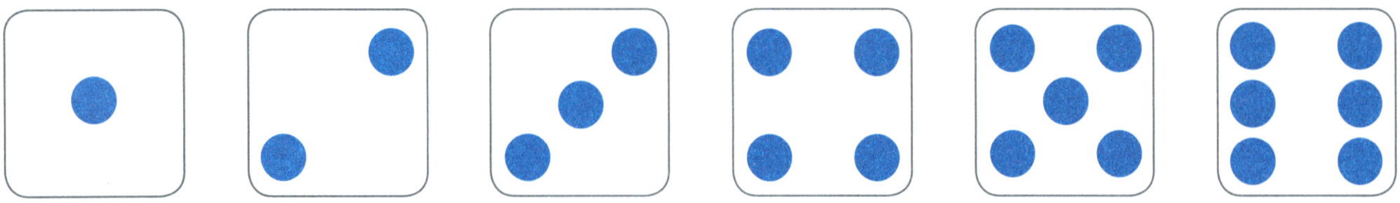

3

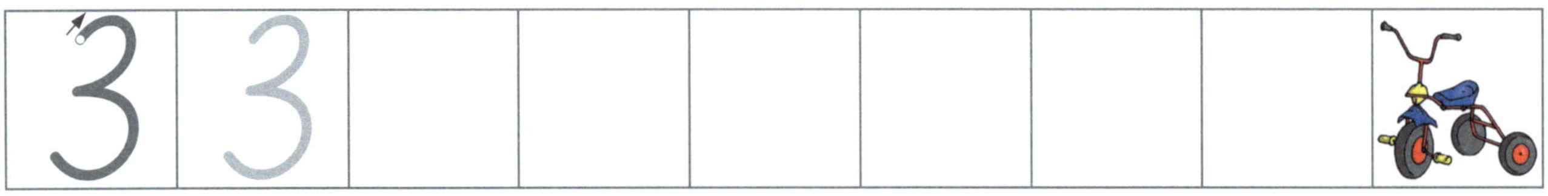

1 Erfahrungen zur Zahlenreihe und zum Zufall sammeln. Würfelspiel: Start bei 10, der Plusräuber beginnt. Durch abwechselndes Würfeln und Ziehen den Schatz in die eigene Höhle bringen. Die Kenntnis der Zahlenreihe ist für das Spiel nicht notwendig. **2** Beziehungen zwischen Würfelbildern herstellen. **3** Ziffer 3 schreiben. Zahl 3 in der Umwelt ansprechen. → Arbeitsheft, Seiten 3, 4

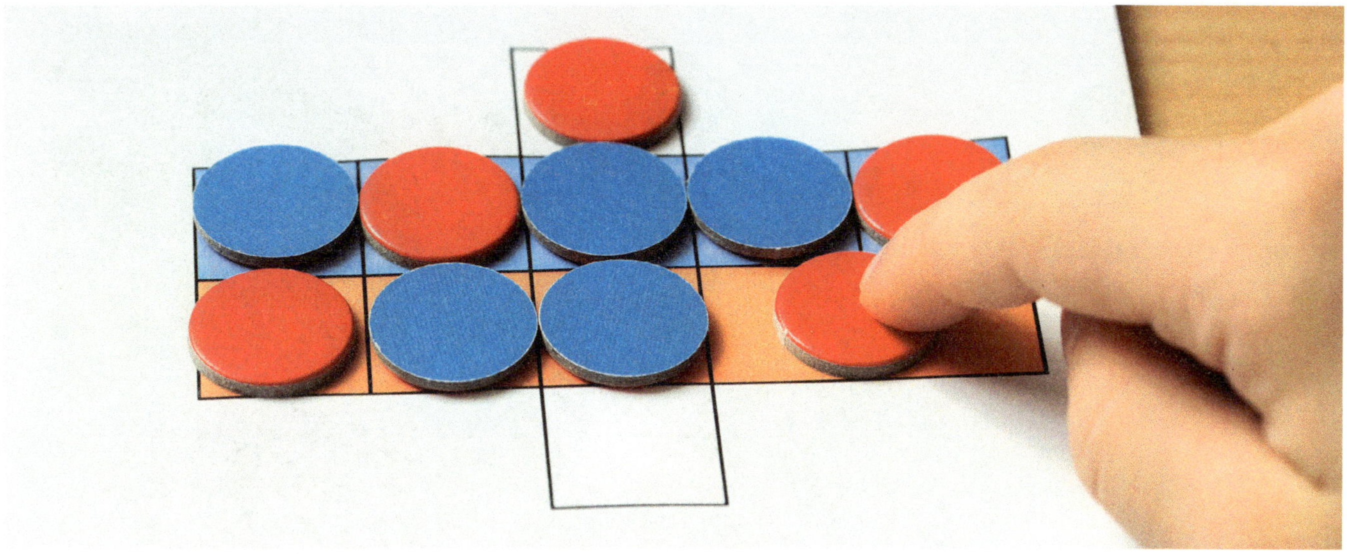

1

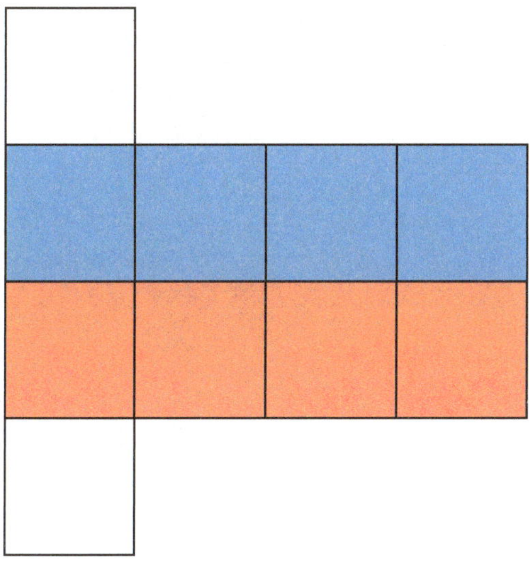

2

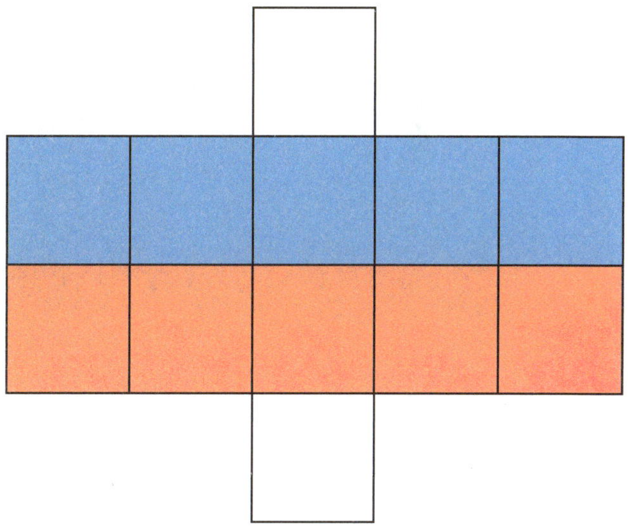

3

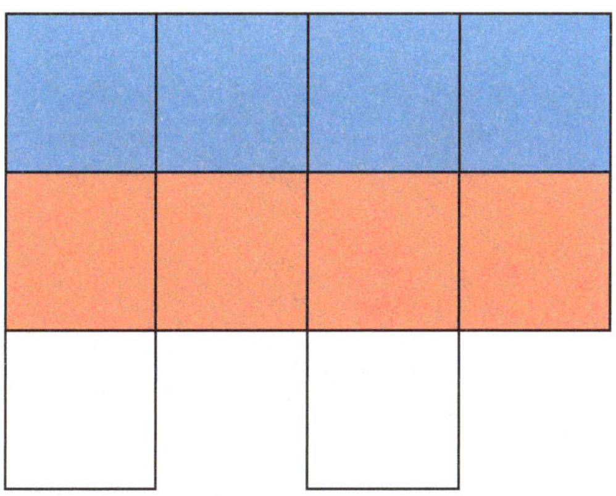

4

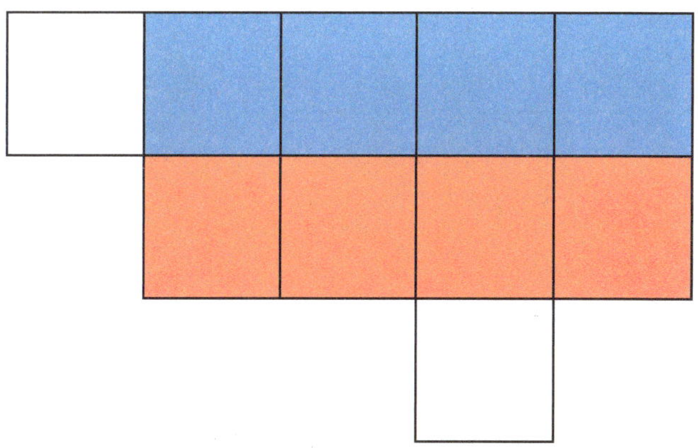

5

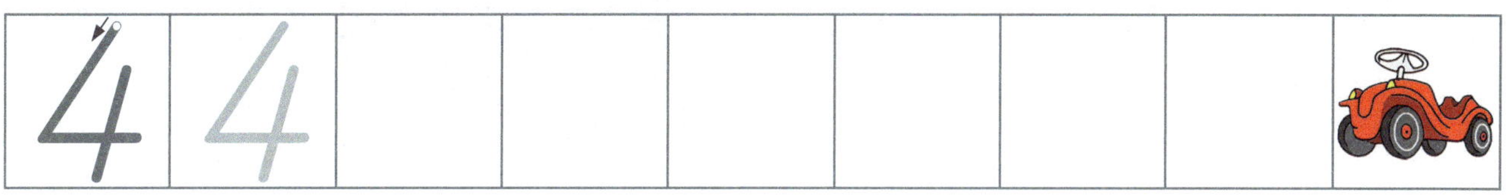

1–4 Denkspiel für ein Kind: Zu Beginn rote Plättchen auf blaue Felder, blaue Plättchen auf rote Felder legen. Plättchen unter Ausnutzung der weißen Ausweichfelder so verschieben, dass rote Plättchen auf roten, blaue Plättchen auf blauen Feldern liegen. Pro Zug ein Plättchen über eine Kante in ein freies Nachbarfeld ziehen. Verschieben „über Eck" ist nicht erlaubt. **5** Ziffer 4 schreiben. Zahl 4 in der Umwelt ansprechen. → Arbeitsheft, Seite 5

1

2

3

Märchen von den Bremer Stadtmusikanten erzählen. Lagebeziehungen (oben-unten, links-rechts, über-unter) besprechen. Evtl. Tierpyramide selbst zeichnen.

1

■ **1** Denkspiel für 2 Kinder(-gruppen). Struktur des Baumes mit Stamm und Ästen besprechen. Spielregeln erklären: Zu Beginn „Eichhörnchen" (Plättchen) auf das unterste Feld setzen, abwechselnd bei jedem Zug ein Feld weiter nach links oben, direkt nach oben oder nach rechts oben klettern lassen. Wer am Schluss das Eichhörnchen zur Spitze schiebt, gewinnt. Günstige und ungünstige Felder identifizieren, zu ihrer Beschreibung Lagebeziehungen nutzen.

1 Schiff

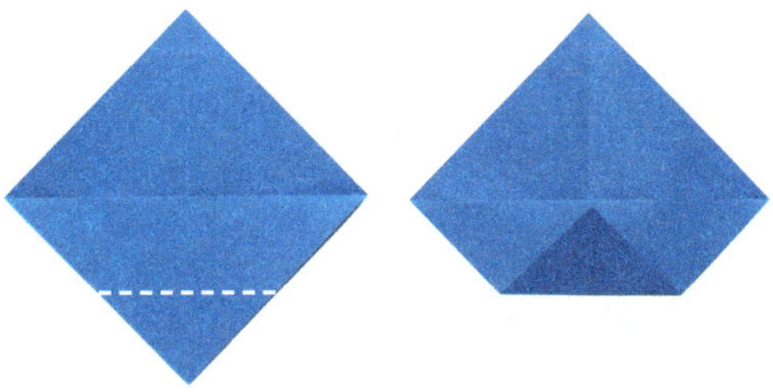

2 Haus

3 Brief

4 Bilderrahmen

5

5	5							

1–4 Aus Faltpapier Figuren falten. An den weißen gestrichelten Linien muss als nächstes gefaltet werden. Kinder auf die 5 Ecken der Faltfiguren Schiff, Haus und Brief hinweisen. **5** Ziffer 5 schreiben. Zahl 5 in der Umwelt ansprechen.

Falte, male, schneide.

6

7

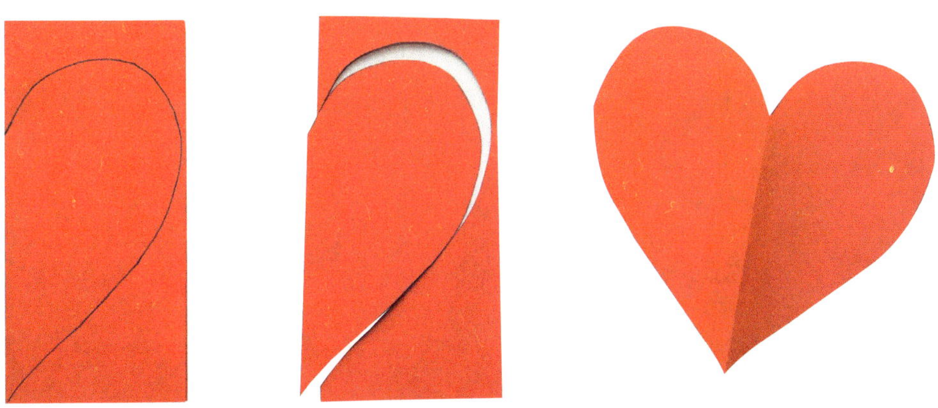

8

6	6							

■ **6, 7** Aus Faltpapier Figuren falten und ausschneiden. Im Herz Form der Ziffer 2 erkennen. **8** Ziffer 6 schreiben. Zahl 6 in der Umwelt ansprechen. → Arbeitsheft, Seite 5

1

0	1	2	3	4	5

2

7	7							

■ Erster Überblick über die Zahlen von 0 bis 5. Über die Aktivitäten der abgebildeten Kinder und die Zahldarstellungen der Seiten 12 und 13 sprechen. **1** Anzahlen bestimmen, Menge und Zahl verbinden. Die Zahl 0 mündlich der leeren Menge zuordnen. **2** Ziffer 7 schreiben. Zahl 7 in der Umwelt ansprechen

3

6	7	8	9	10

4

8 8

■ Erster Überblick über die Zahlen von 6 bis 10. Anzahlen bestimmen, Menge und Zahl verbinden. **3** Zahlen 6 bis 10 getrennt oder zusammen mit den analogen Aufgaben von Seite 12 behandeln. **4** Ziffer 8 schreiben. Zahl 8 in der Umwelt ansprechen → Arbeitsheft, Seiten 4–6

1 Gibt es für jedes Kind einen Stuhl?

2 Gibt es zu jedem Buch ein Arbeitsheft?

3

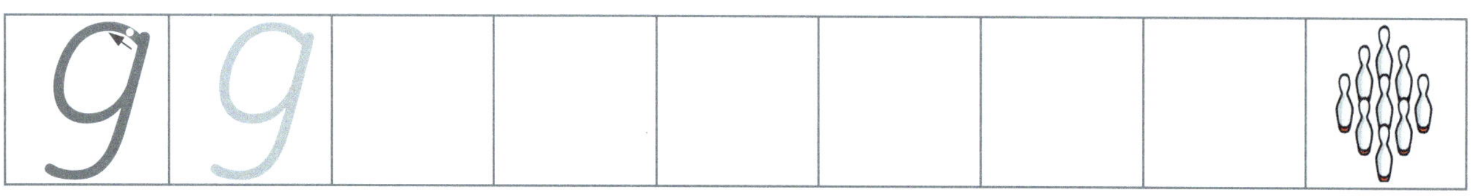

Mengen durch 1 zu 1-Zuordnung handelnd vergleichen, evtl. mithilfe von Plättchen als Stellvertreter für die Elemente. **1** Z.B. Plättchen auf stehende Kinder legen, danach auf die leeren Stühle schieben. **2** Zuordnung auch durch Verbinden möglich. **3** Ziffer 9 schreiben. Zahl 9 in der Umwelt ansprechen.

4 Gibt es für jedes Kind eine große Kugel?

5

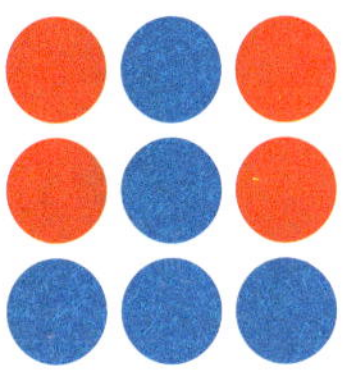

6

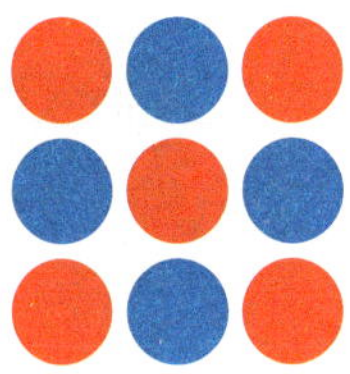

7

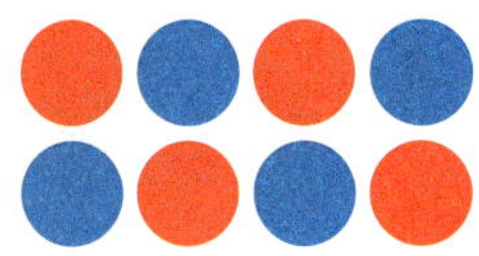

8

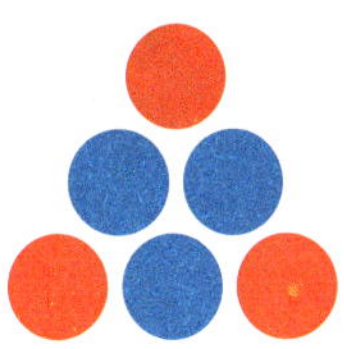

9

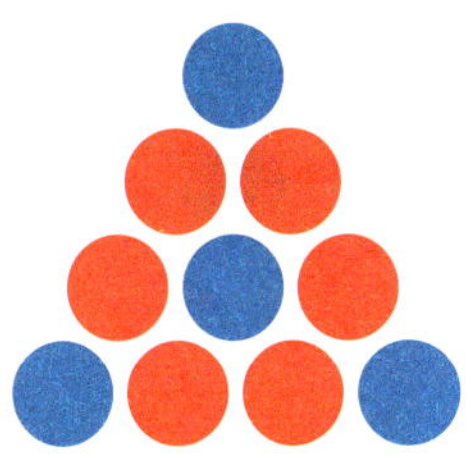

10

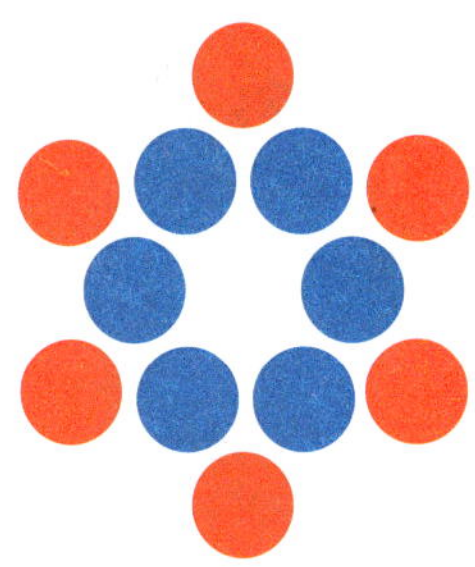

11

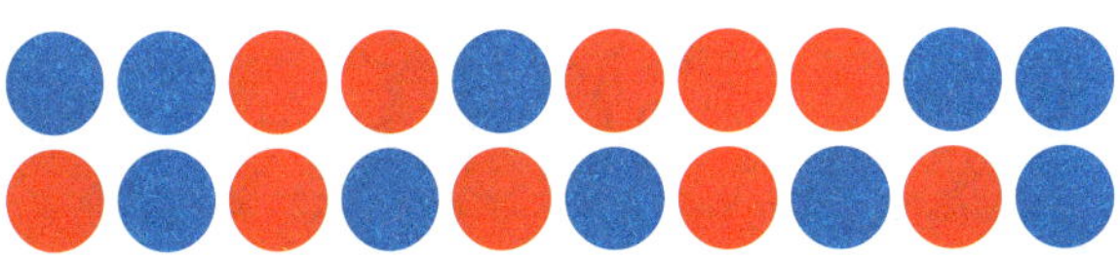

12

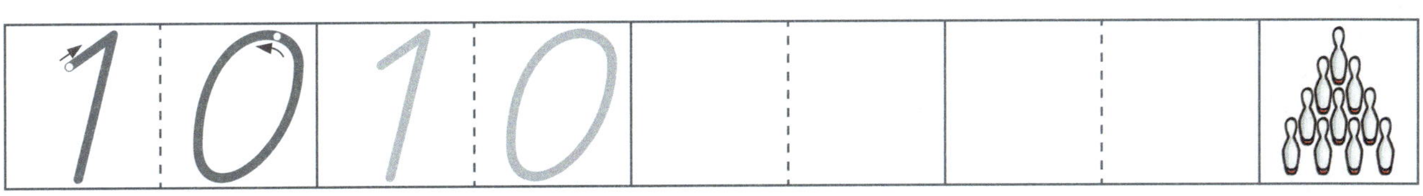

■ **4** Mengen durch 1 zu 1-Zuordnung vergleichen, evtl. mithilfe von Plättchen als Stellvertreter für die Elemente. **5–11** Muster von Plättchen nachlegen. Anzahl der roten und blauen Plättchen durch Paarbildung handelnd vergleichen. **9** Kinder auf die griechische Zehnzahl, das Logo von „mathe 2000", hinweisen. **12** Zahl 10 mit Ziffer 0 schreiben. Zahl 10 in der Umwelt ansprechen. → Arbeitsheft, Seite 7

1 Erst ordnen, dann zählen.

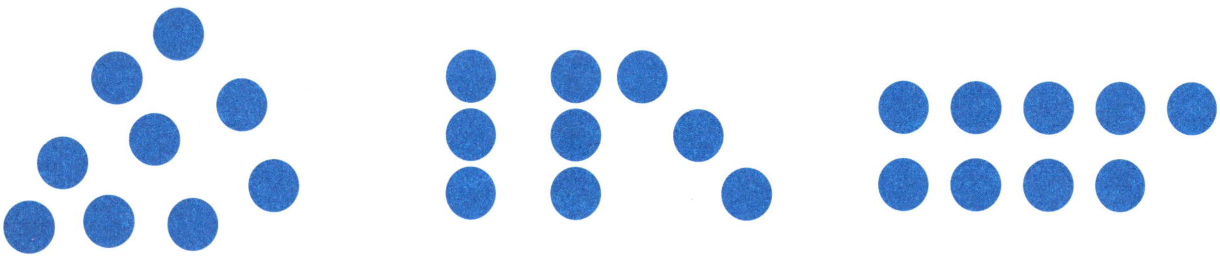

2 Wie zählst du?

3

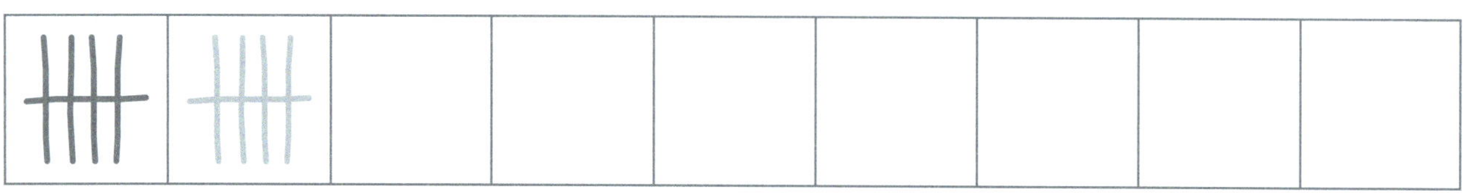

■ **1** Kinder anregen, Mengen erst in übersichtliche Portionen zu legen und danach Anzahl zu bestimmen. Frage an die Kinder: „Welche Zahlen siehst du auf einen Blick?" **2** Auf jeden Vogel ein Plättchen legen, die Plättchen dann so gruppieren, dass die Anzahl möglichst „auf einen Blick" abgelesen werden kann. Zur weiteren Übung ggf. Material „Sieben auf einen Blick" einsetzen. **3** Strichliste zur Zahl 5 erklären. → Arbeitsheft, Seiten 8, 9

1

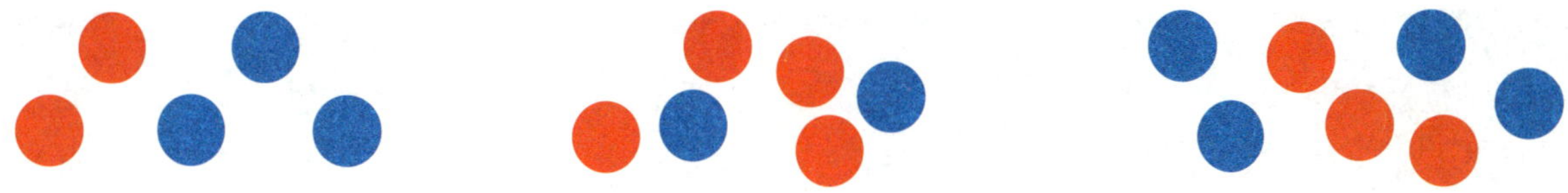

2 3 ....

2 Immer 5.

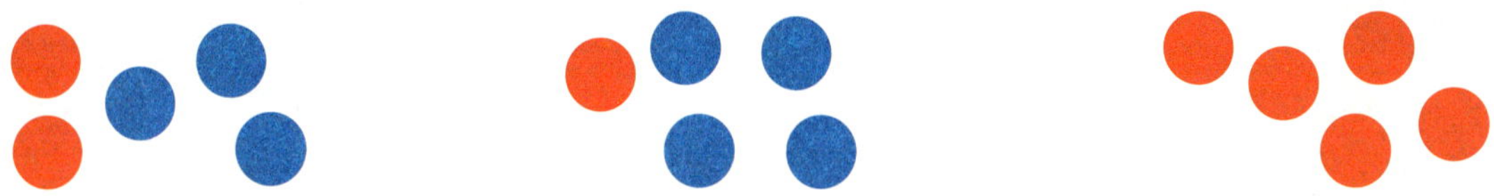

....

3 Plättchen werfen mit .

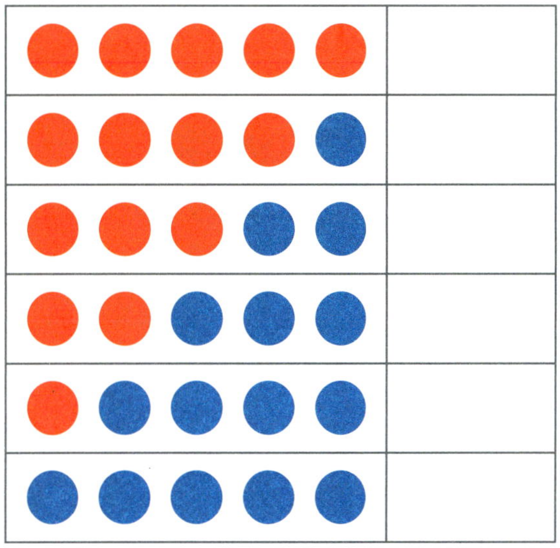

4 Mit .

5 Mit .

Blitzrechnen: Wie viele?

Anzahl legen.

Anzahl nennen.

1, 2 Anzahlen notieren. **3–5** Plättchen werfen, nach Rot und Blau ordnen, Anzahlen erfassen, Ergebnisse in Strichliste festhalten (KV). Erfahrungen zum Zufall sammeln. Begriffe „selten", „häufig", „häufiger als" einführen. → Arbeitsheft, Seite 10 ⚡ Beginn des Blitzrechenkurses: Zur Grundlegung und zum weiteren regelmäßigen Üben verschiedene Anzahlen mit Plättchen legen, Anzahl „blitzartig" erfassen. → Verstehen und Trainieren 1, Seiten 2 – 7

1 Lege immer 7.

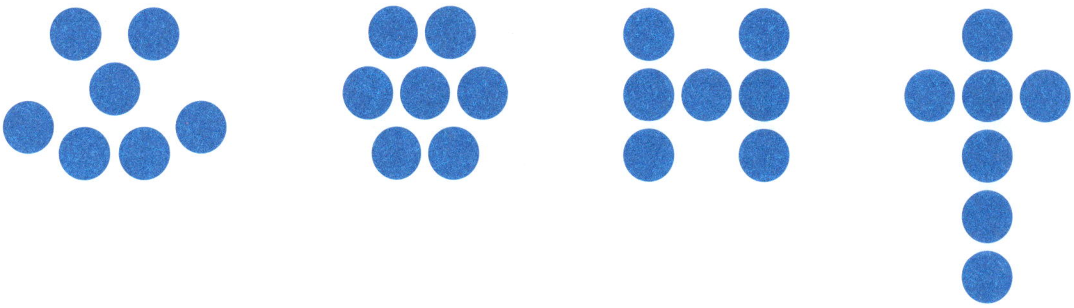

2 Lege und male. Immer 4.

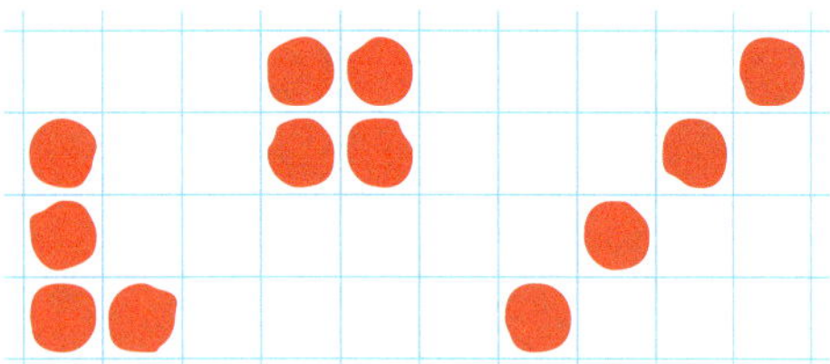

3 Lege und male. Immer 5.

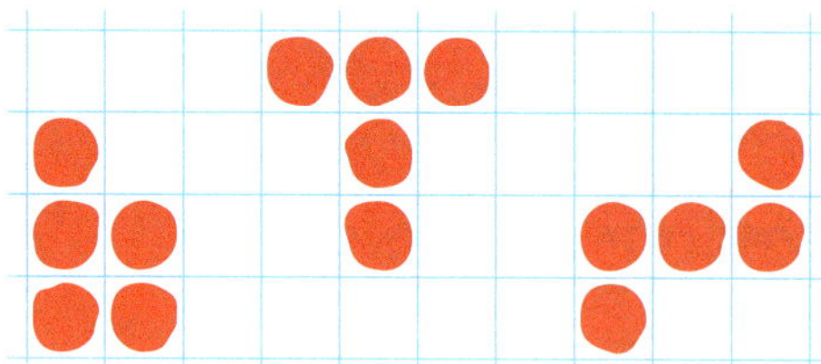

4 Immer 3.

5 Immer 6.

6 Immer 8.

7

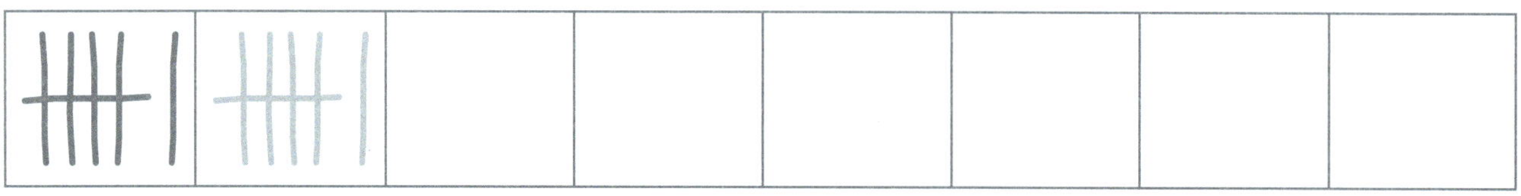

Über Sterne und Sternbilder sprechen. Sterne in Sternbildern zählen (immer 7) und nachlegen.
1 Muster zu vorgegebenen Zahlen legen. **2–6** Muster legen und ins Heft zeichnen.
7 Strichliste für Zahl 6 üben.

Wie geht es weiter?

8

9 

10 

11 

12 

13 Lege eigene Muster.

Forschen und Finden

Lege und male.

14 Immer 

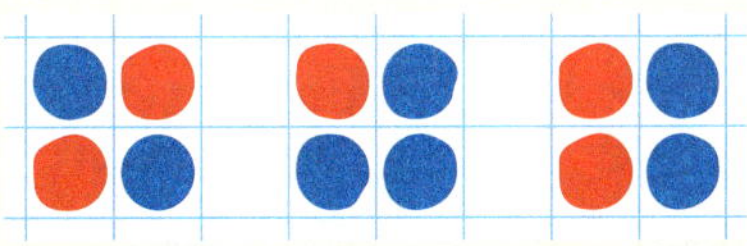

Finde weitere Muster.

15 Immer 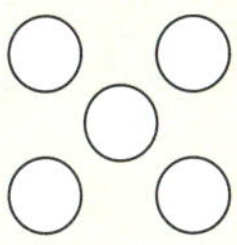

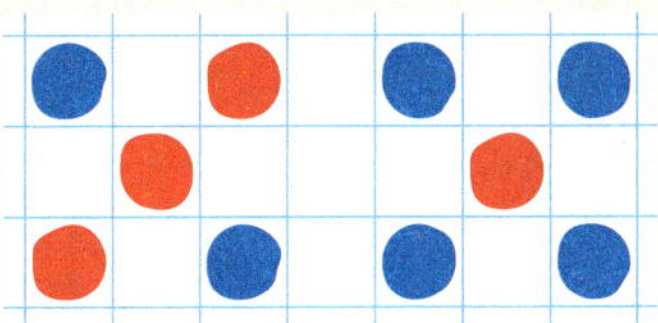

16 Immer 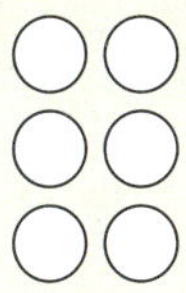

■ ■ **8** Muster in der Umwelt erkennen und suchen. **9–12** Regeln (Muster) der Folgen von roten und blauen Plättchen finden und Folgen fortsetzen. **13** Eigene Muster finden. **14–16** Würfelbilder unterschiedlich färben. (Erste Erfahrungen zur Kombinatorik.) Kindern bewusst machen, dass es unterschiedliche Färbungen gibt, und dazu anregen, weitere zu finden. → Arbeitsheft, Seite 11

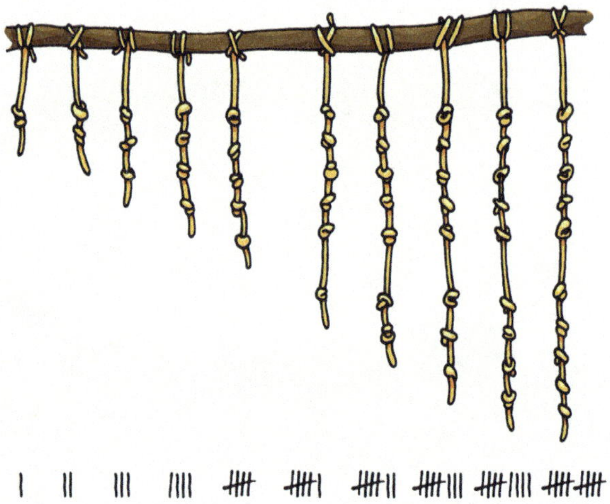

Vor 1000 Jahren rechneten die Inka in Südamerika mit Knotenschnüren.

1 Einfacher Knoten

1.

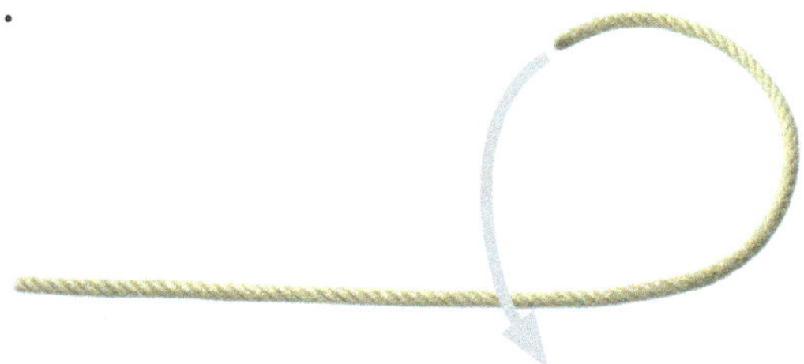

2.

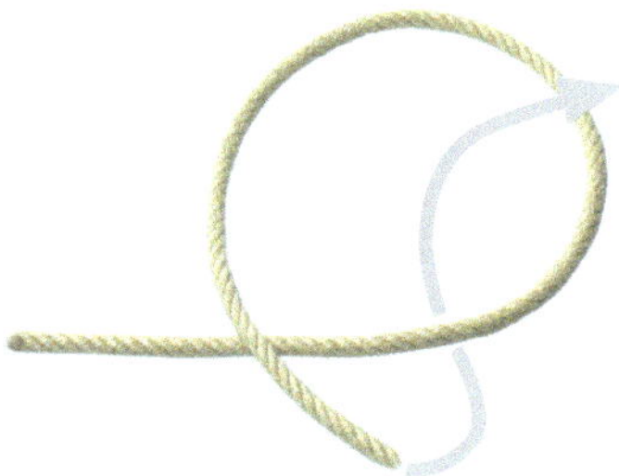

3.

4.

2

4	5	8	0	10	7	1	6	3	9	2
IIII							~~IIII~~ I			

Informationen über Inka und Knotenschnüre geben. **1** Ersten nützlichen Knoten üben. Ein Set von Knotenschnüren für die Klasse mithilfe des einfachen Knotens und unter Beachtung der „Kraft der Fünf“ knüpfen. Mit verbundenen Augen „Knotenzahlen“ fühlen, ggf. Schuhschleife von Seite 82 anschließen. **2** Zu vorgegebenen Zahlen Strichlisten schreiben.

1

	卌 II				

2

IIII	卌 IIII	II	卌 II	I	卌 I		卌 III	卌	卌 卌	III
4										

1 Tier für Tier suchen, anmalen und in Tabelle mit Strich festhalten. Die Null als Kardinalzahl der leeren Menge der Eisbären thematisieren. **2** Zu Strichlisten Zahlen schreiben. → Arbeitsheft, Seiten 11, 12

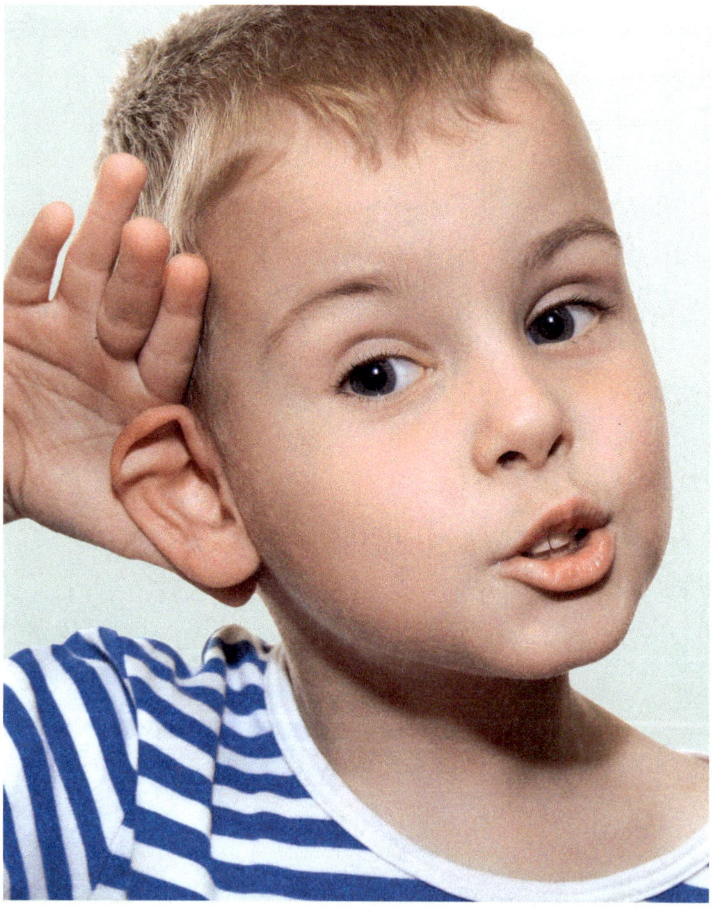

Sag mir doch, wo hast du **eins**?
Eine Nase hab ich,
einen Mund dazu,
habe **einen** Kopf,
schau, den hast auch du.

Sag mir doch, wo hast du **zwei**?
Zum Hören **zwei** Ohren,
zum Schauen **zwei** Augen,
zum Greifen **zwei** Hände,
zum Laufen **zwei** Beine,
zwei Füße dazu, genauso wie du.

Sag mir doch, wo hast du **fünf**?
Oh, das sag ich dir geschwind.
An jeder Hand **fünf** Finger sind,
an jedem Fuß **fünf** Zehen sind,
das weiß doch jedes kleine Kind.

1 Wie viele Beine?

6

....

....

....

....

....

■ Anzahlen 1, 2 und 5 am eigenen Körper entdecken. **1** Anzahlen an den Tierbildern (Ameise, Kohlmeise, Spinne, Kuh, Storch, Tausendfüßler) bestimmen. Selbst Zählbilder sammeln.

Zehn kleine Zappelmänner
zappeln hin und her.
Zehn kleinen Zappelmännern
fällt das gar nicht schwer.

Zehn kleine Zappelmänner
zappeln auf und nieder.
Zehn kleine Zappelmänner
tun das immer wieder.

Zehn kleine Zappelmänner
zappeln rings herum.
Zehn kleine Zappelmänner,
die sind gar nicht dumm.

Zehn kleine Zappelmänner
spielen jetzt Versteck.
Zehn kleine Zappelmänner
sind auf einmal weg.

1 Immer 5? Immer 10?

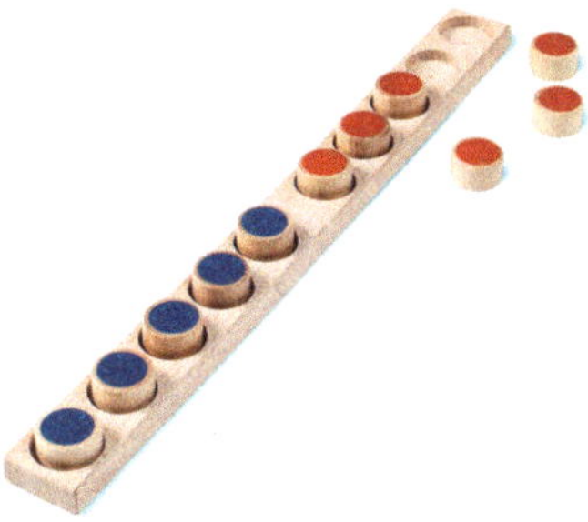

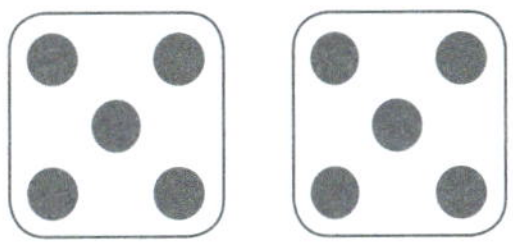

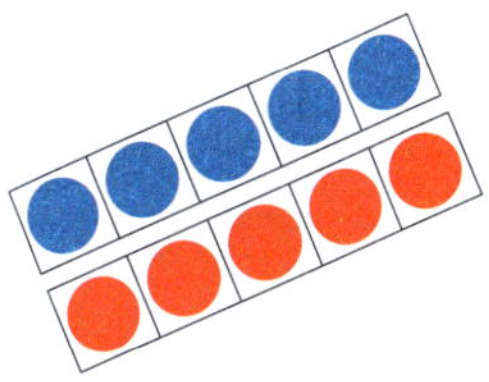

■ Evtl. Lied spielen. **1** Fünferstruktur und Zehnerstruktur (Doppelfünfer) überprüfen.

1

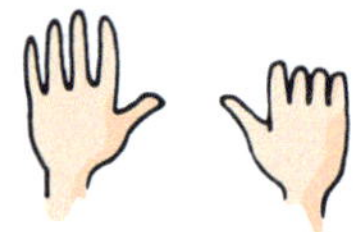	5 + 1 plus	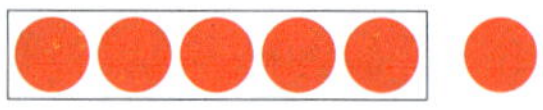	6
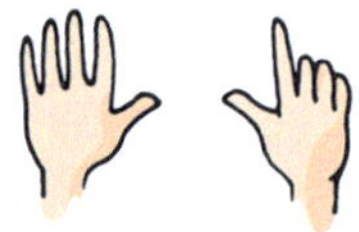	5 + 2	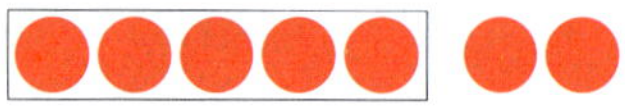	7
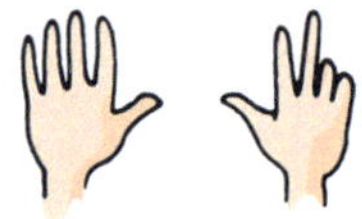	+	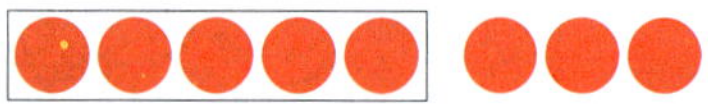	
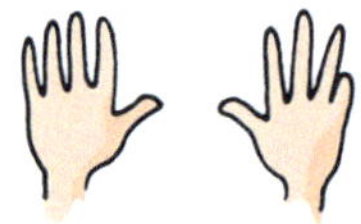	+		
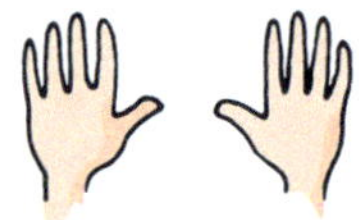	+	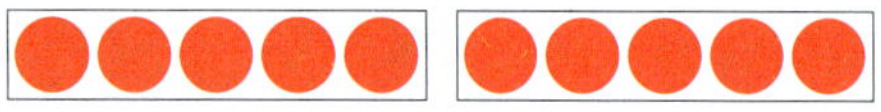	

2

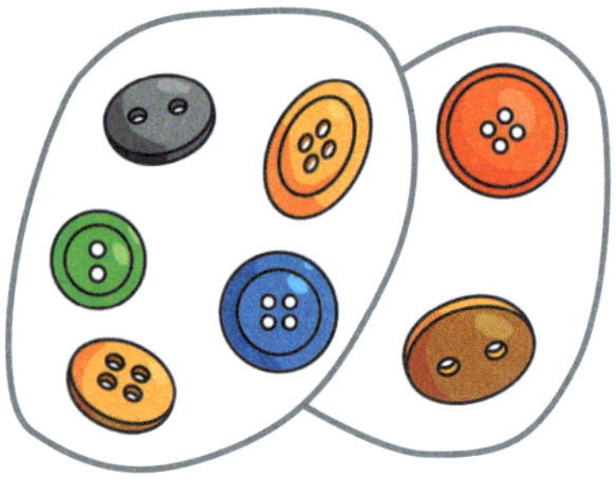

7
5 + 2

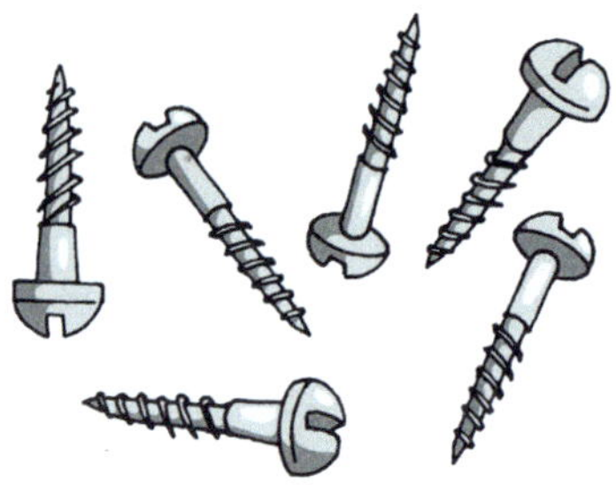

+

+

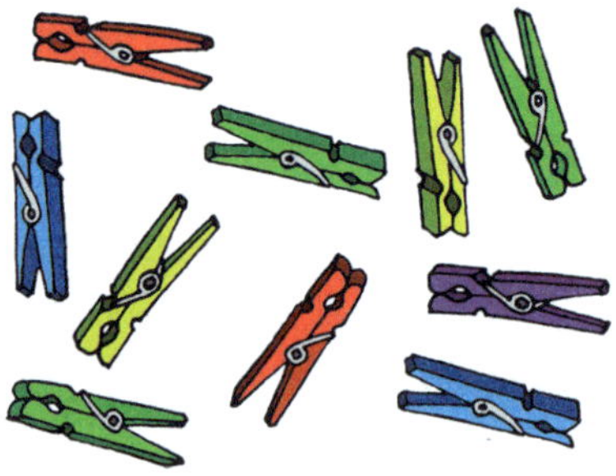

+

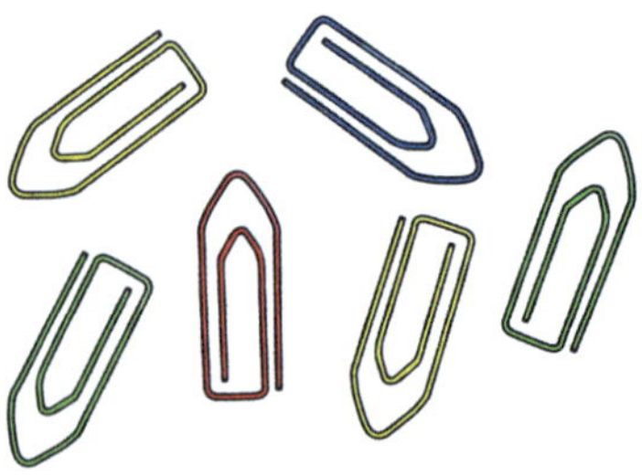

+

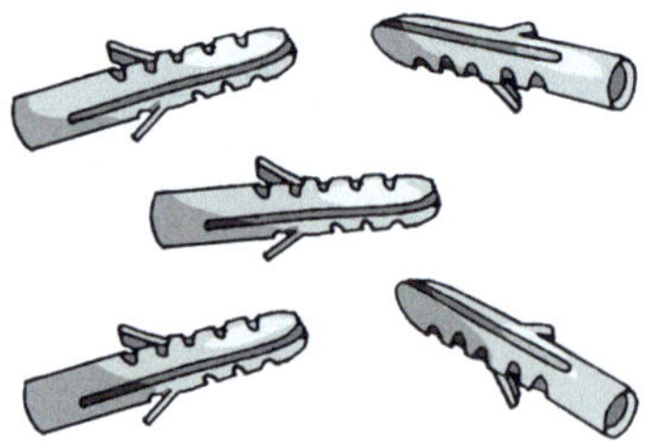

+

1 Zahlen von 6 bis 10 zur Zahl 5 in Beziehung setzen. Zur Notation das Pluszeichen einführen. Kinder auf Bedeutung der Zahl 5 für das Rechnen hinweisen. 2 Fünfermengen einkreisen und Anzahlen bestimmen. Notation im Zahlenhaus erklären. Fünfer-Zerlegungen im Vorgriff auf die Blitzrechenübung „Kraft der Fünf" **gründlich** einüben, da diese beim Rechnen mit Vorteil benutzt werden können. → Arbeitsheft, Seiten 13, 14

1

2

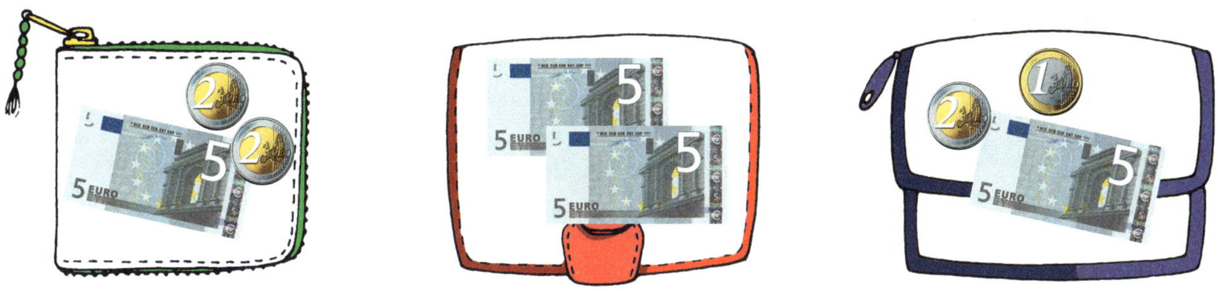

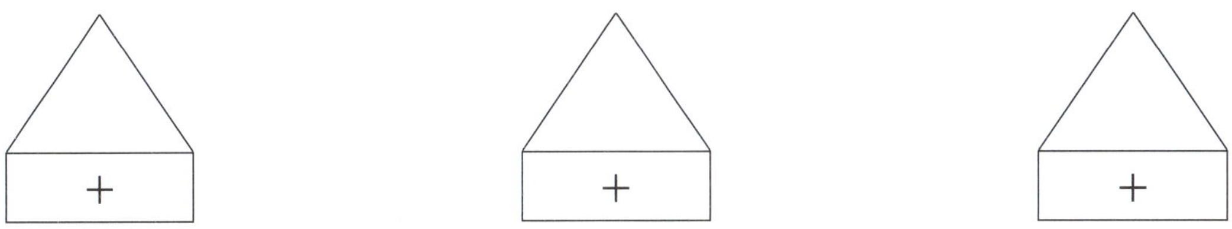

Forschen und Finden

3 Lege immer 6 Euro.

Lege noch anders.
Finde alle 5 Möglichkeiten.

4 Lege immer 7 Euro.
Finde alle 6 Möglichkeiten.

5 Lege immer 8 Euro.
Wie viele Möglichkeiten findest du?

Erster Überblick über Eurobeträge bis 10 Euro. Euro-Münzen und 5-Euro-Schein vorstellen. **1** Eintritt 5 Euro verschieden legen: „Wie können die Kinder den Eintritt bezahlen?“ **2** Geldbeträge bestimmen. Evtl. Blitzrechenübung „Wie viele?“ mit Geld durchführen (s. Seite 17). **3–5** Forschen und Finden: Geldbeträge unterschiedlich legen. Erfahrungen zur Kombinatorik sammeln. → Arbeitsheft, Seite 15

Zehnerbündel

Als die Menschen noch keine Zahlen kannten, nahm ein Hirte ein Stück Holz, wenn er seine Schafe zählen wollte.
Für jedes Schaf schnitt er eine Kerbe ein.

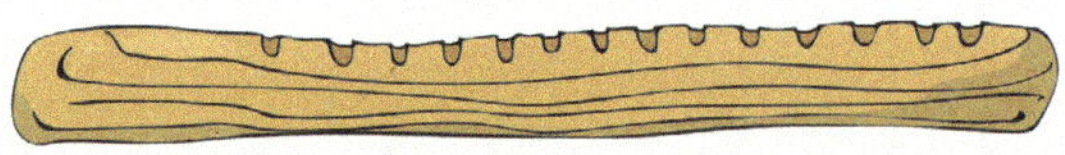

Heute werden Zahlen verwendet.

Wie viele Zehner? Wie viele Einer?

1

Z Zehner	E Einer

2

Z Zehner	E Einer

3

Z Zehner	E Einer

■ Text vorlesen, dazu erzählen; Vorteile und Nachteile dieser Zählmethode besprechen. **1–3** Tiere und Pflanzen zu Zehnern bündeln, einkreisen, Anzahl in Stellenwerttafel eintragen. Erste Orientierung über das Zehnersystem. Nutzen des Zehners als größere Zähleinheit („Zehnerpack“) zugunsten einer besseren Übersicht bewusst machen. Auf Nutzen größerer Packungen in der Umwelt hinweisen. → Arbeitsheft, Seite 16

4 Wie viele Zehner? Wie viele Einer?

Z	E

Z	E

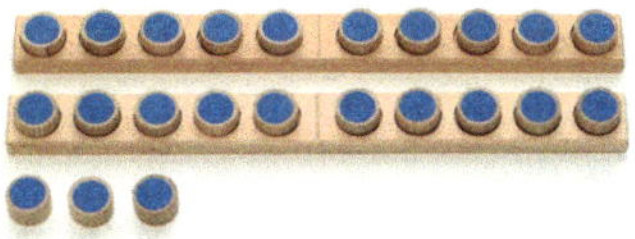

Z	E

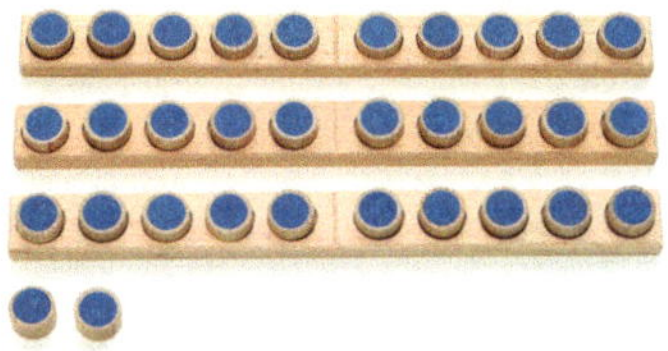

Z	E

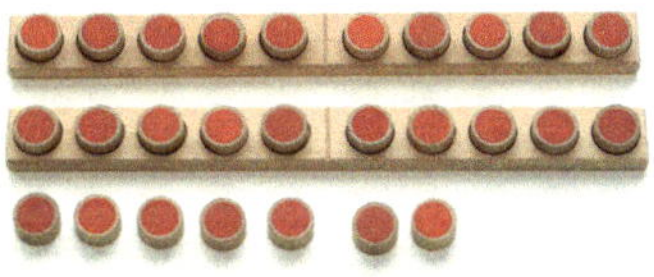

Z	E

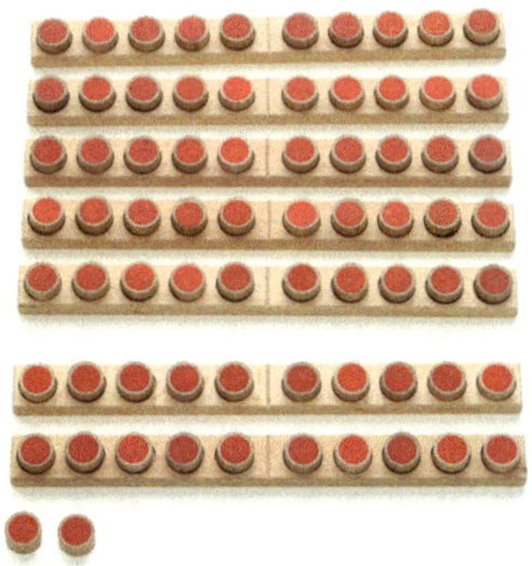

Z	E

5 Wie viele?

Z	E

Z	E

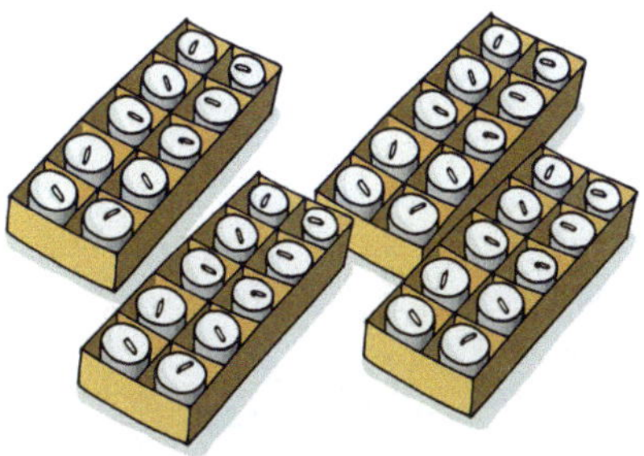

Z	E

Z	E

■ **4** Anzahlen der Zehner und Einer bestimmen. Evtl. mit Zehnerstreifen und Plättchen nachlegen. Kinder auf entsprechende Darstellung im kleinen Hunderterfeld unten neben der Seitenzahl 27 hinweisen und diesen Hinweis auf folgenden Seiten mehrfach wiederholen. **5** Anzahlen mit gebündelten Zehnern („Doppelfünf") bestimmen.

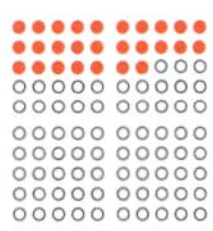

Z	E		
1	0	10 + 0	10
1	1	10 + 1	11
		.... + ...	12
		.... + ...	13
		.... + ...	14
		.... + ...	15

1

■ Geschichte von Swimmy erzählen. Struktur der Zahlen von 10 bis 15 am Zahlbild aufzeigen, unterschiedliche Notationen erklären und Lücken füllen lassen. Zehnerziffer und Einerziffer deutlich unterscheiden. Die Umrahmung von je 5 Plättchen als Hilfe bewusst machen. **1** Mengen in Zehner gruppieren und Anzahlen bestimmen. Zehner und Einer deutlich unterscheiden.

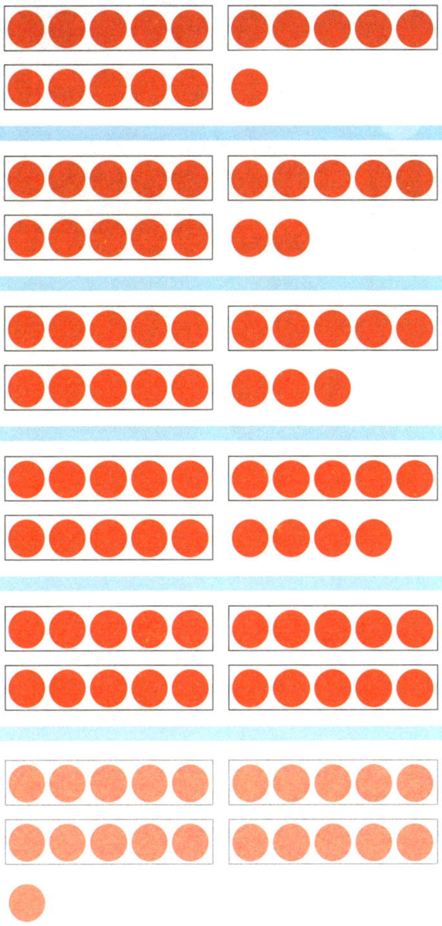

Z	E		
		10 + 6	16
		10 + ...	17
		.... + ...	18
		.... + ...	19
		.... + ...	20
2	1	20 + 1	21

2

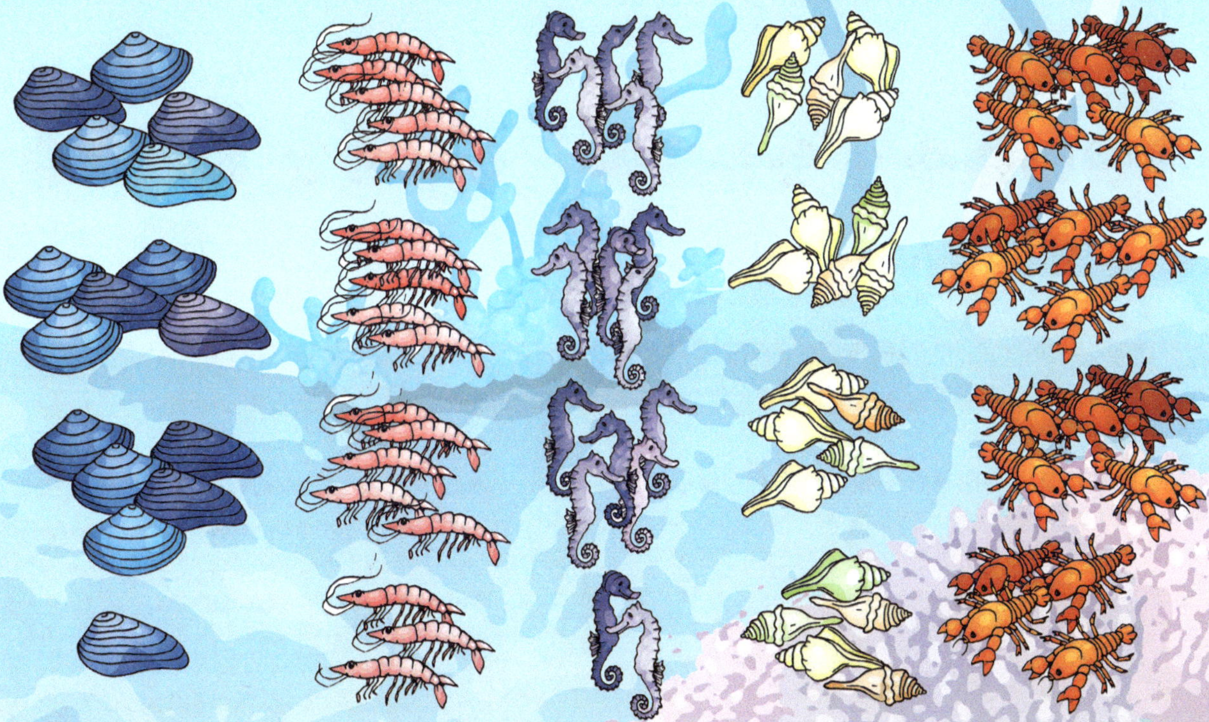

16 17 18 19 20

■ Struktur der Zahlen von 16 bis 21 am Zahlbild aufzeigen, unterschiedliche Notationen erklären und Lücken füllen lassen. Zehnerziffer und Einerziffer deutlich unterschieden. Bewusst machen, wie ein Fünfer nach dem anderen gefüllt wird. **2** Mengen in Zehner gruppieren und Anzahlen bestimmen. Zehner und Einer deutlich unterscheiden, insbesondere durch Gegenüberstellung der Zahlen 12 und 21. → Arbeitsheft, Seiten 17–19

1

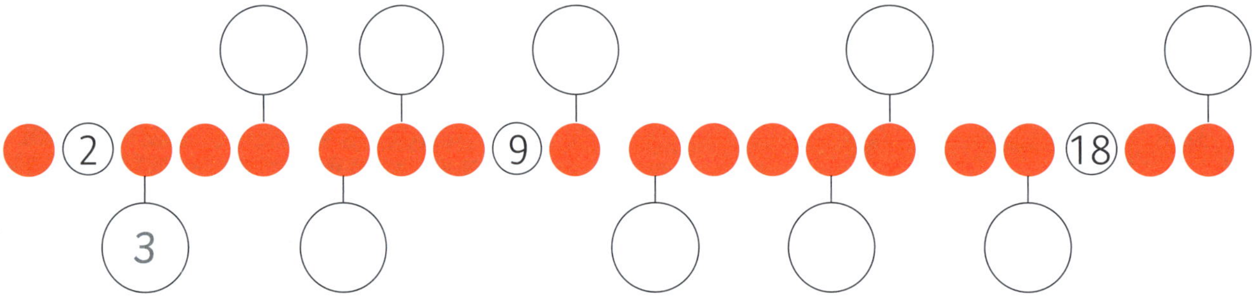

2 Verbinde.

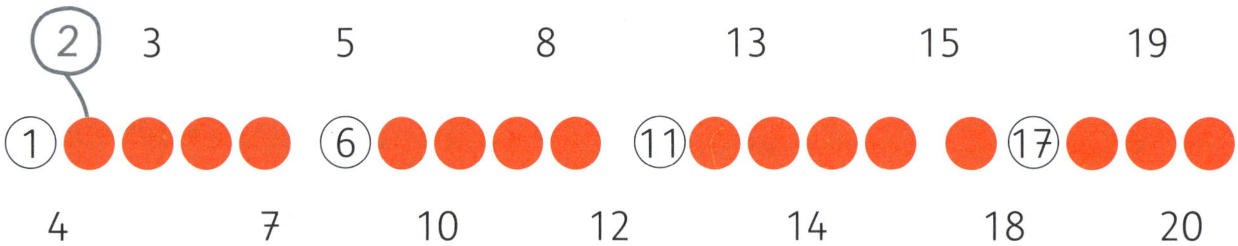

Blitzrechnen: Zahlenreihe

Zahl zeigen.

Zahl nennen.

■ Struktur der Zwanzigerreihe besprechen (Gliederung in Fünfergruppen). Verdeckte Zahlen an der Zwanzigerreihe zeigen und benennen (Umschlagklappe Arbeitsheft). **1** Verdeckte Zahlen aufschreiben **2** Zahlen einkreisen, zuordnen. → Arbeitsheft, Seite 20 ⚡ Zur Grundlegung und zum weiteren regelmäßigen Üben Seite 134 f. oder aufgeklappte Umschlagseite im Arbeitsheft benutzen. → Verstehen und Trainieren 1, Seite 8

3

4

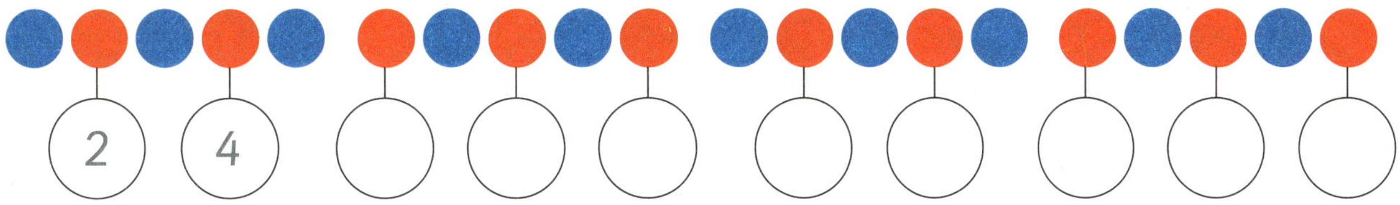

5

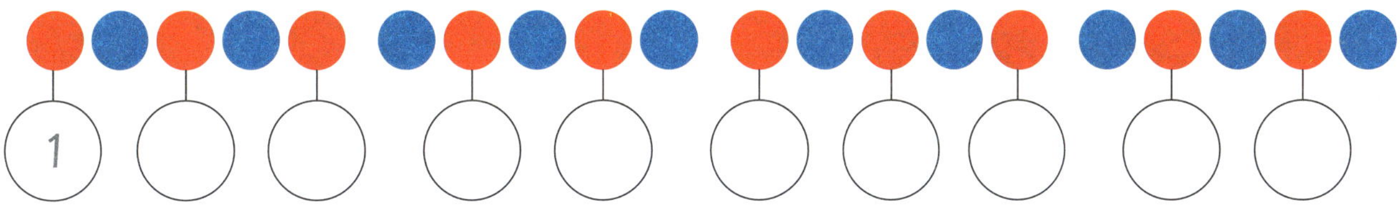

6

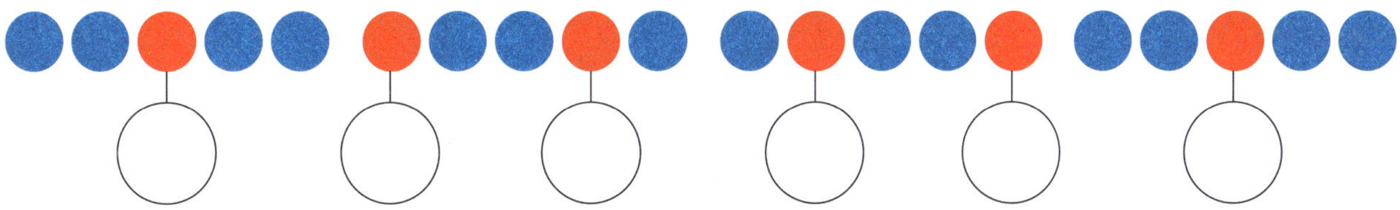

7

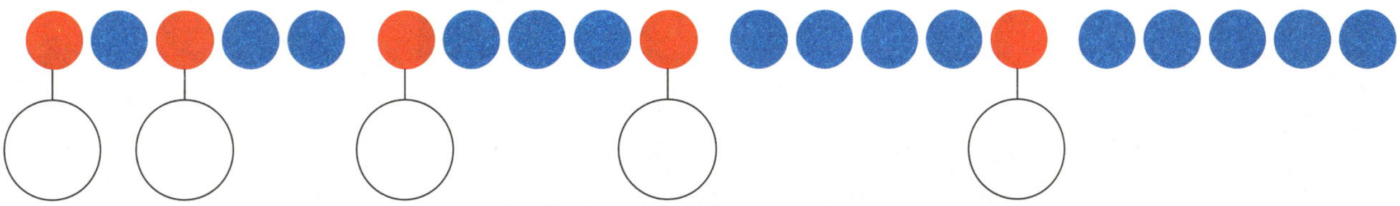

8 Male eine Zwanzigerreihe und trage die Zahlen ein.

■ **3** Partnerspiel: Start auf 1. Jeder Spieler (Rot oder Blau) darf immer nur 1 oder 2 Plättchen seiner Farbe legen. Spiel zuerst nur bis 10 spielen („10 gewinnt"), am besten im Stuhlkreis. Danach auf größere Zahlen ausdehnen („20 gewinnt"). 20er-Reihe auf Seiten 134/135 als Spielplan nutzen. **4–7** Muster auf Zwanzigerreihe nachlegen. Rote Zahlen nennen und aufschreiben. **8** Test und Übung zur Erfassung der in Fünfer gegliederten Zwanzigerreihe. → Arbeitsheft, Seite 20

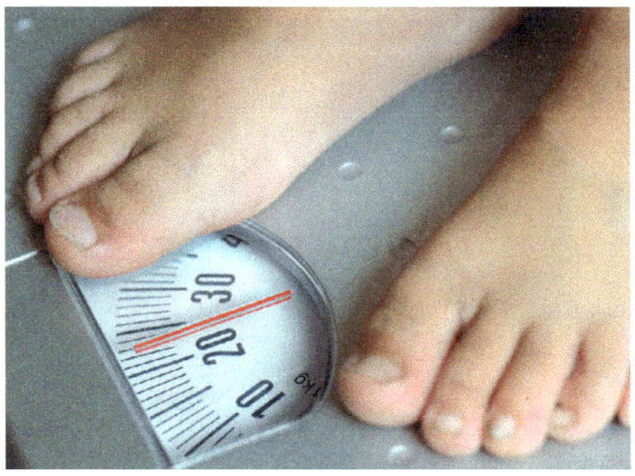

1 Suche selbst Zahlen in deiner Umwelt.

■ Verwendung der Zahlen in verschiedenen Sachsituationen finden und beschreiben lassen. **1** Selbst Bilder und Gegenstände mit Zahlensymbolen sammeln. → Arbeitsheft, Seiten 21, 22

1 Wozu passen die Umrisse? Verbinde.

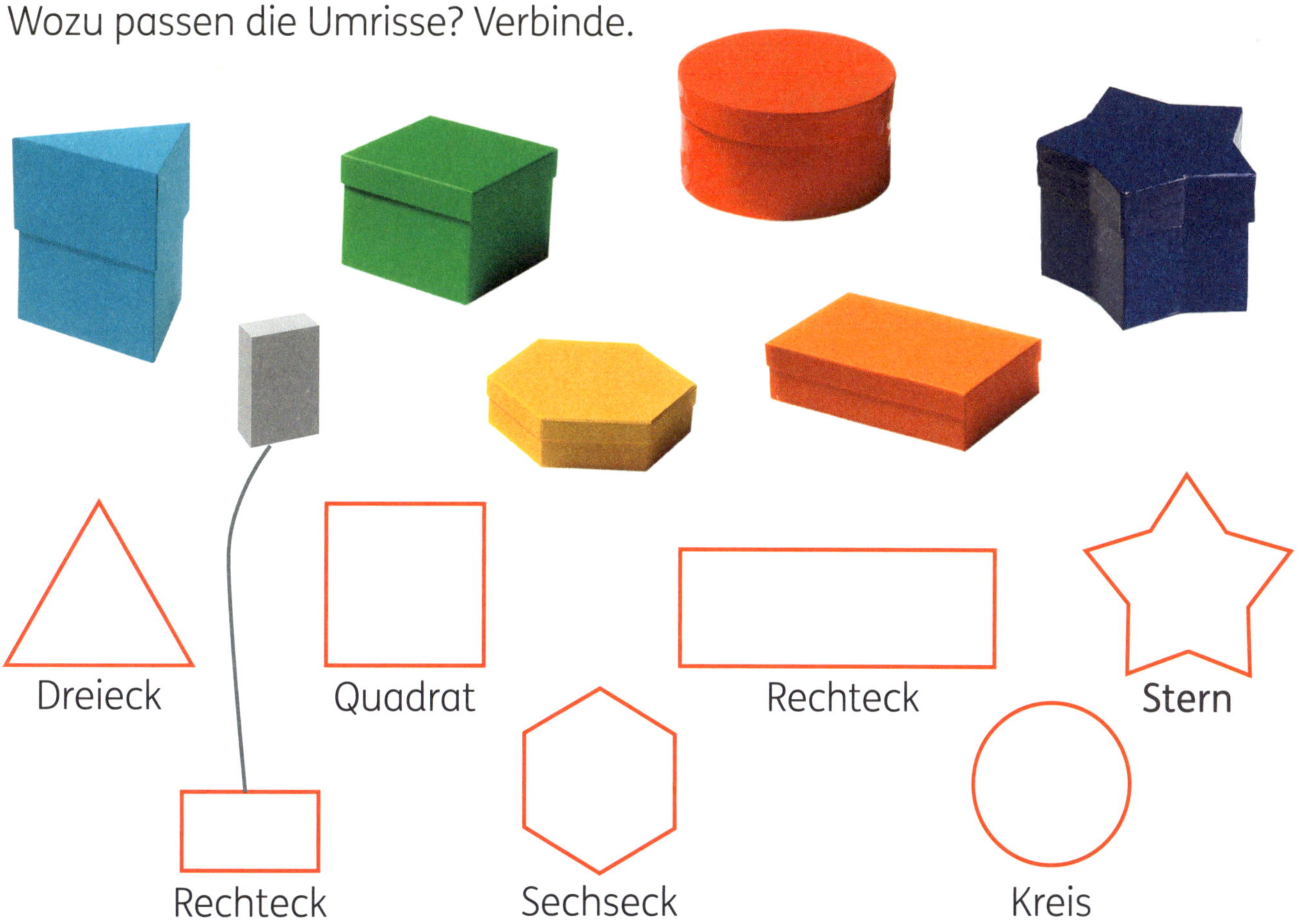

2 Beschreibe.

■ Von verschiedenen Gegenständen Umrisse herstellen. **1** Formen beschreiben, Umrisse durch Verbindungslinien zuordnen. Kinder dazu anregen, die Ecken der Umrissfiguren zu zählen. **2** Formen benennen, Bedeutung erklären.
→ Arbeitsheft, Seite 22

Wendekarten

1 Legt der Reihe nach.
Ordnet zu.

2 Verbinde.

3 Lege nach. Setze fort.

4

■ **1** Struktur der Wendekarten besprechen. Besonders auf die eingerahmten Fünfer und die Zehner hinweisen. Wendekarten der Reihe nach legen und passend zuordnen (evtl. Partnerarbeit). **2** Zusammengehörende Punkt- und Zahlkarten verbinden. **3** Mit Wendekarten nachlegen, passend fortsetzen. **4** Muster fortsetzen.

5 Immer 2 mehr. Lege.

0	2	4		
10	12			

1	3	5		
11	13			

6 Immer 2 weniger. Lege.

20	18			
10	8			

19	17			
9	7			

7 Immer 5 mehr.

2	7	12	
4			
0			

1	6		
3			
5			

8

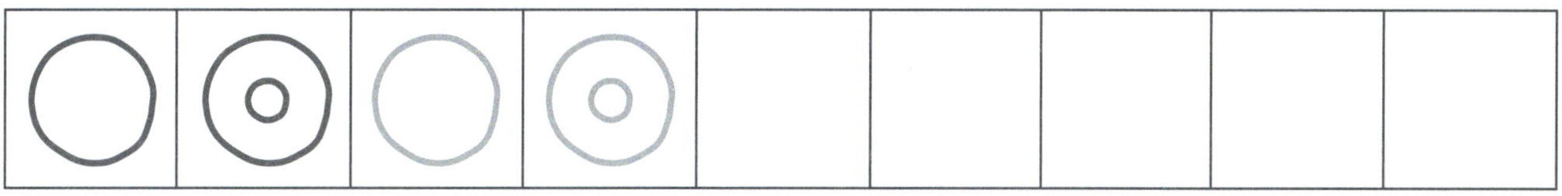

■ **5, 6** Zahlenfolgen fortsetzen. Dekadische Analogien besprechen, z. B. 1–11, 2–12, … **7** Immer vier passende Zahlen zusammenlegen (Vorstufe zu „Zahlenraupen“, Seite 101). **8** Muster fortsetzen. → Arbeitsheft, Seite 23

1 Zusammen immer 10.

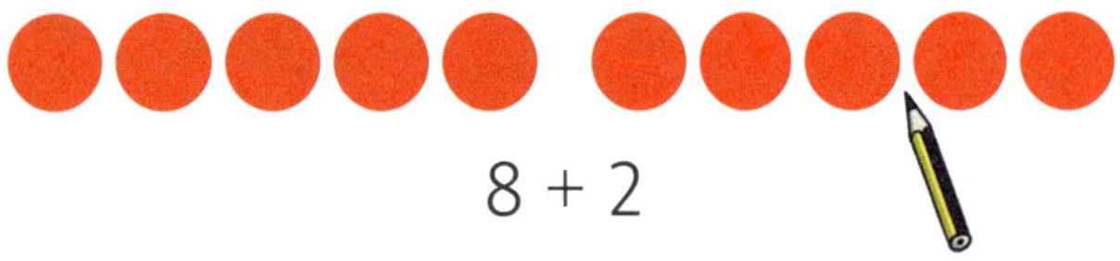

8 + 2

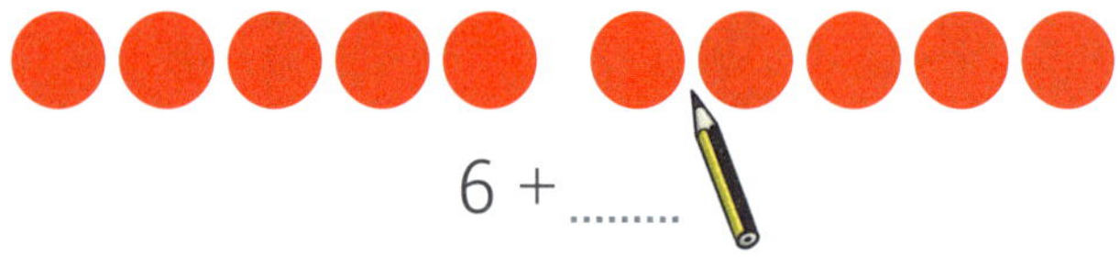

6 + ...

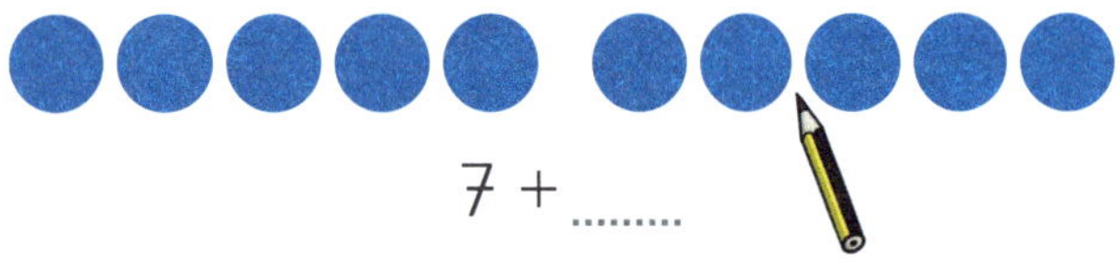

7 + ...

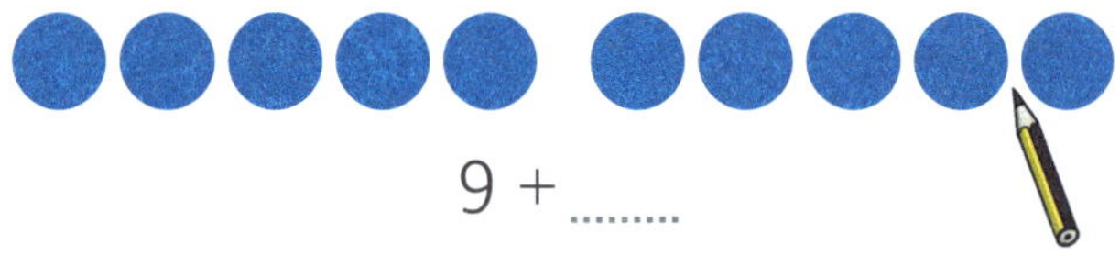

9 + ...

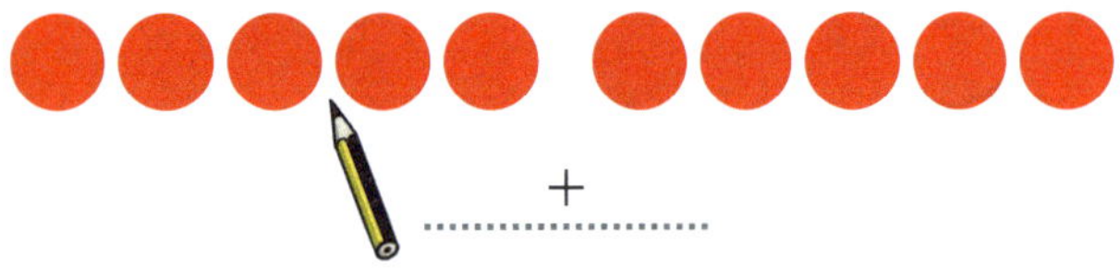

.... + ...

.... + ...

2 Zusammen immer 7.

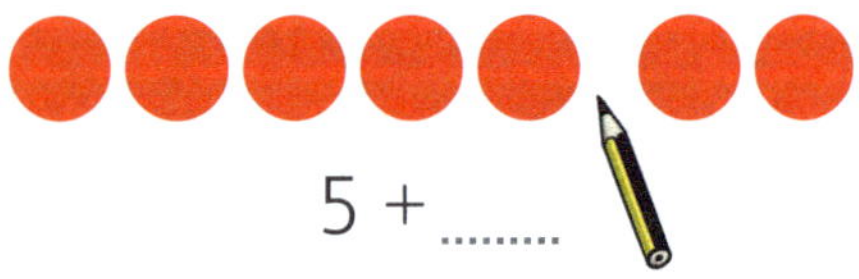

5 + ...

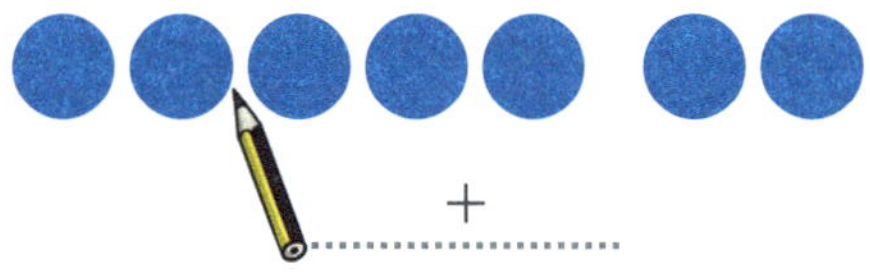

.... + ...

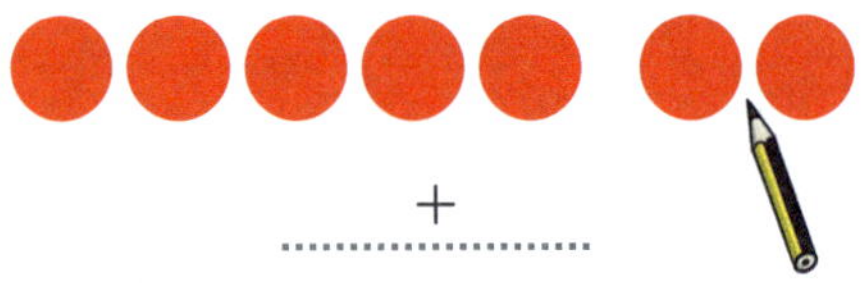

.... + ...

3 Wie kannst du 7 noch zerlegen?

4 Zerlegt 6.

5 Zerlegt 8.

6 Zerlegt 9.

Blitzrechnen: Zerlegen

Reihe zerlegen.

Plusaufgabe nennen.

1, 2 Zahlzerlegungen notieren. Menge deutlich in zwei Teilmengen trennen. **4–6** In Partnerarbeit mündlich lösen.
→ Arbeitsheft, Seiten 24, 25 ⚡ Zur Grundlegung und zum weiteren regelmäßigen Üben Seite 134 oder aufgeklappte Umschlagseite im Arbeitsheft benutzen. Im weiteren Unterricht (an verschiedenen Zahlen) regelmäßig üben.

1

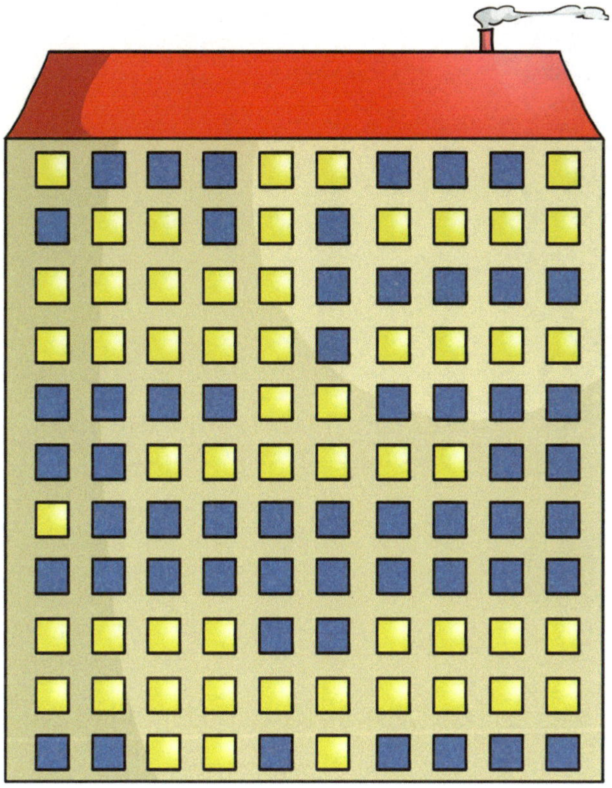

4	6
7	

10
4 + 6
7 +
+
+
+
+
+
+
+
+
+

2 Lege geordnet.

5
5 + 0
+
+
+
+
+

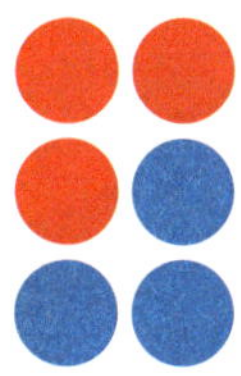

2
2 + 0
+
+

3 Lege.

3
+
+
+
+

4
+
+
+
+
+

6
+
+
+
+
+
+
+

7
+
+
+
+
+
+
+
+

1 Beleuchtete und unbeleuchtete Fenster zählen, entsprechende Zerlegungen im Zahlenhaus notieren.
2, 3 Systematisch zerlegen und aufschreiben (einfachste Kombinatorik). → Arbeitsheft, Seite 25
→ Verstehen und Trainieren, Seiten 10, 12, 14 – 16

Auf dem Dach sind Tauben.
Es fliegen Tauben **dazu**.
Es fliegen Tauben **weg**.

1 5 Tauben sind auf dem Dach.
2 Tauben fliegen **weg**.
Es sind dann .... Tauben.

2 5 Tauben sind auf dem Dach.
2 Tauben fliegen **dazu**.
Es sind dann .... Tauben.

3 5 Tauben sind auf dem Dach.
2 Tauben fliegen **weg**.
3 Tauben fliegen **dazu**.
Es sind dann .... Tauben.

4 6 Tauben sind auf dem Dach.
4 Tauben fliegen **dazu**.
5 Tauben fliegen **weg**.
Es sind dann .... Tauben.

5 9 Tauben sind auf dem Dach.
6 Tauben fliegen **weg**.
6 Tauben fliegen **dazu**.
Es sind dann .... Tauben.

6 12 Tauben sind auf dem Dach.
4 Tauben fliegen **dazu**.
5 Tauben fliegen **weg**.
Es sind dann .... Tauben.

7 Auf dem Dach waren Tauben.
3 Tauben flogen **weg**,
1 Taube flog **dazu**.
Jetzt sind es 4 Tauben.
Zuerst waren es .... Tauben.

8 Erfindet selbst Aufgaben.

Vorübung zur Addition und Subtraktion. Texte gemeinsam lesen bzw. vorlesen. Situation besprechen. **1–7** Aufgaben mündlich lösen und/oder mit Plättchen nachlegen. **8** Kinder anregen, sich gegenseitig Taubenaufgaben zu stellen. Variationen der Aufgaben im weiteren Unterricht wiederholt mündlich stellen bzw. stellen lassen (z.B. am Beginn einer Stunde), dabei einfache und schwierigere Aufgaben mischen.

1 Warum heißt dieses Feld „Zwanzigerfeld"?
Beschreibe, wie es aufgebaut ist.

2 Am Zwanzigerfeld kann man alle Zahlen von 1 bis 20 legen.
Lege geschickt.

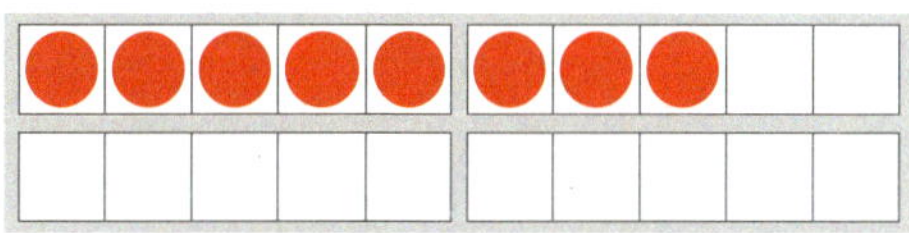

.... Plättchen.

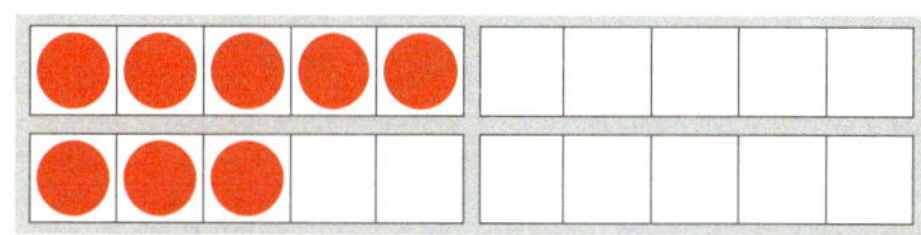

.... Plättchen.

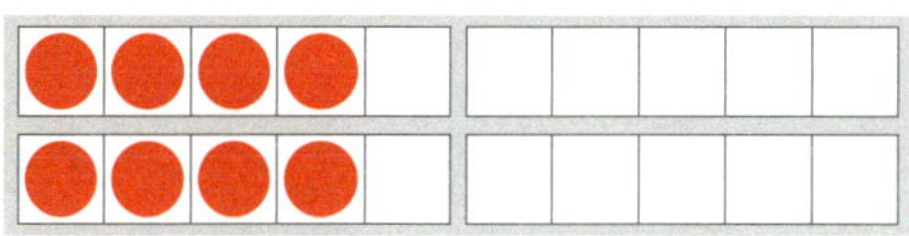

.... Plättchen.

3 Lege nach und rechne.

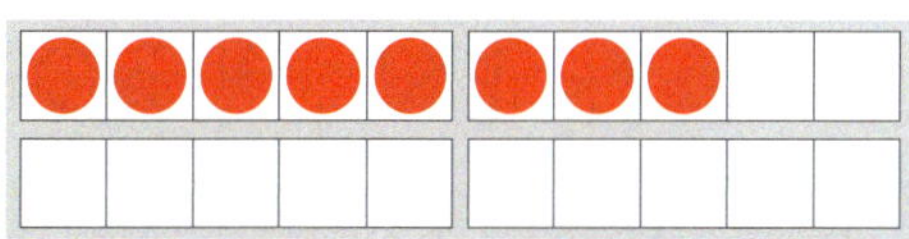

.... Plättchen. 4 dazulegen.
Es sind .... Plättchen.

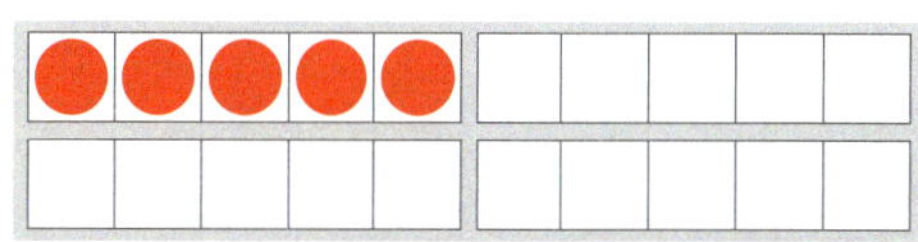

.... Plättchen. 6 dazulegen.
Es sind .... Plättchen.

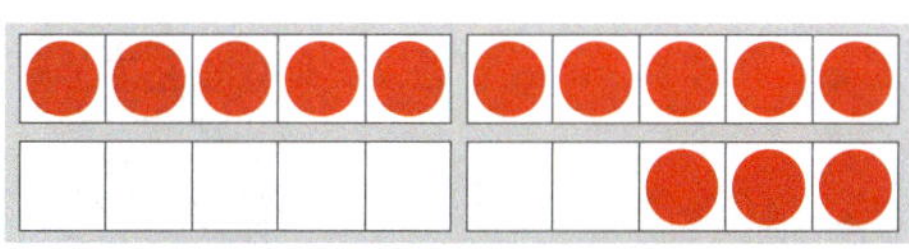

.... Plättchen. 6 wegnehmen.
Es sind .... Plättchen.

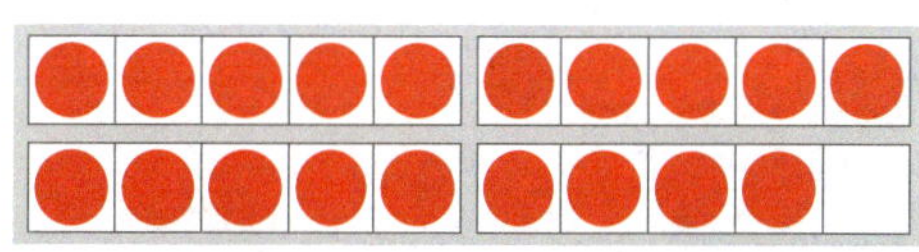

.... Plättchen. 3 wegnehmen.
Es sind .... Plättchen.

4 Erfinde eigene Aufgaben und rechne.

5 Male ein Zwanzigerfeld.

■ **1** Struktur des Zwanzigerfeldes gründlich besprechen (4 Fünferfelder, 2 Zehnerfelder in der ersten und zweiten Reihe sowie in der linken und rechten Hälfte). Mit den Wendekarten vergleichen. **2** Zahlen geschickt legen heißt, dass die Anzahl möglichst auf einen Blick zu erkennen ist. **5** Test und Übung zur Erfassung des in Fünfer gegliederten Zwanzigerfeldes. → Arbeitsheft, Seite 26

1 Immer 10.

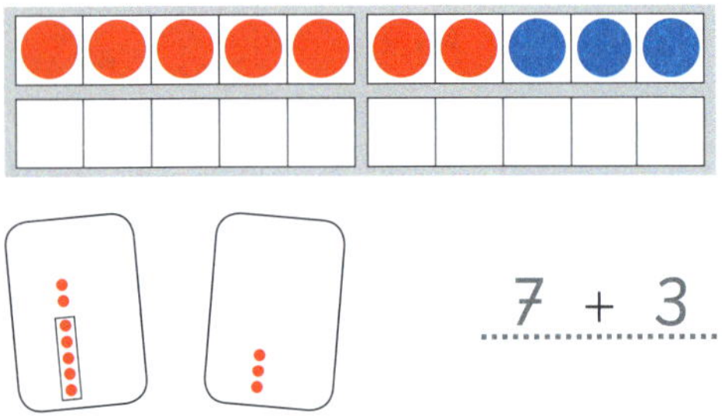

7 + 3

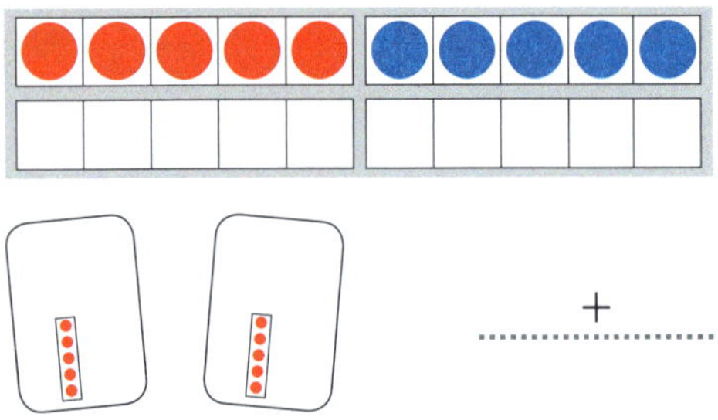

………… + …………

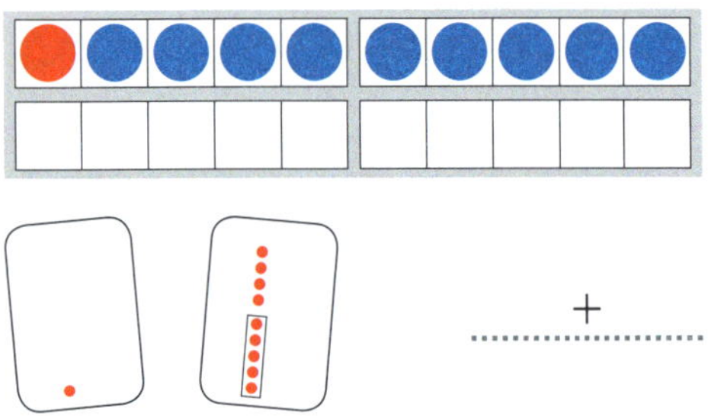

………… + …………

2 Immer 20.

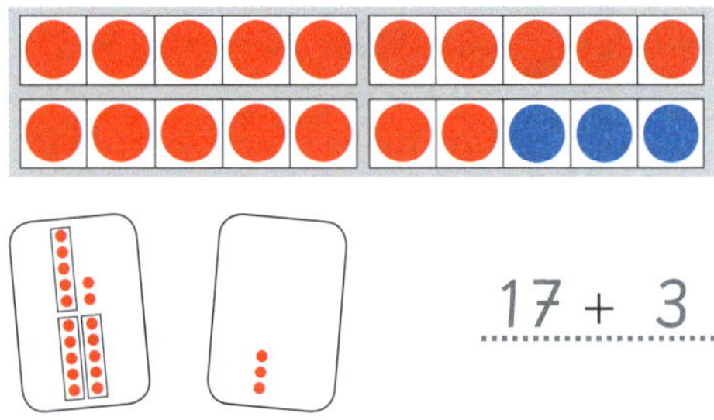

17 + 3

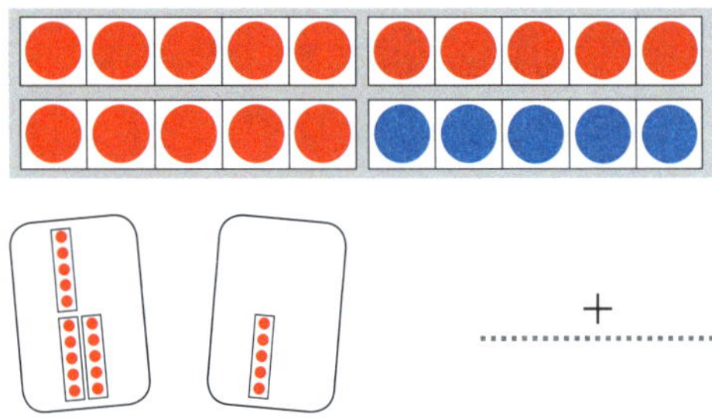

………… + …………

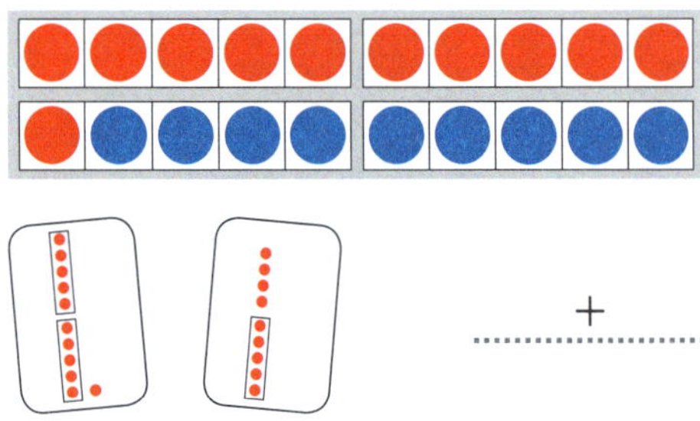

………… + …………

3 Lege ebenso: immer 10, immer 20.

Blitzrechnen: Immer 10

Zahl zwischen 1 und 10 zeigen und nennen.

Bis 10 ergänzen.

1, 2 Zu den Zerlegungen von 10 und 20 Aufgaben schreiben. Zehneranalogien besprechen **3** Weitere Zerlegungen finden, am Feld und mit Wendekarten legen. → Arbeitsheft, Seite 27 Zur Grundlegung und zum weiteren regelmäßigen Üben Seite 135 oder aufgeklappte Umschlagseite im Arbeitsheft nutzen. → Verstehen und Trainieren 1, Seiten 16, 17

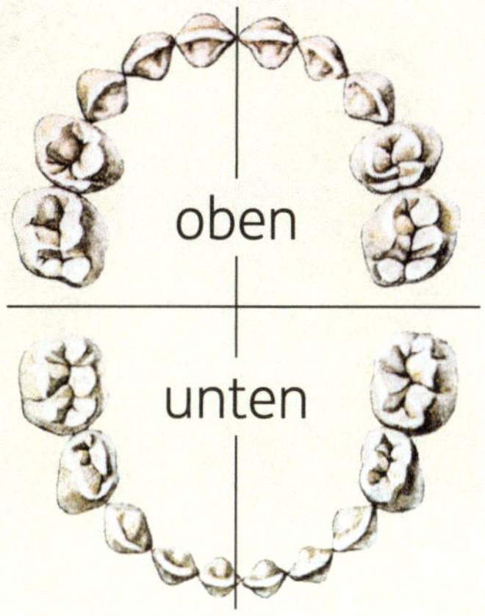

Zuerst haben Babys keine Zähne.
Dann wächst Zahn nach Zahn:
unten, oben, links, rechts.
Das volle Milchgebiss hat 20 Zähne,
oben 10 und unten 10.
Etwa zu Beginn der Schulzeit fallen die
Milchzähne aus und neue Zähne wachsen.
Erwachsene haben 12 Zähne mehr als Kinder.

1 Vergleiche mit dem Zwanzigerfeld.

2 Wie viele Zähne haben die Kinder? Wie viele Zähne hast du?

Bian

Nils

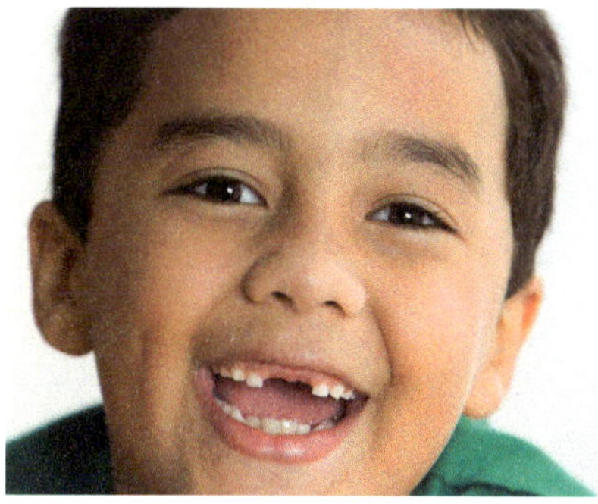

Tarik

Blitzrechnen: Immer 20

Zahl zwischen 11 und 20 zeigen und nennen.

Bis 20 ergänzen.

Sachtext vorlesen. Aufbau des Milchgebisses besprechen („Zwanzigerfeld im Mund"). **1, 2** Anzahl der Zähne bestimmen, evtl. am Zwanzigerfeld nachlegen. Zur Grundlegung und zum weiteren regelmäßigen Üben Seite 135 oder aufgeklappte Umschlagseite im Arbeitsheft benutzen. → Verstehen und Trainieren 1, Seite 17

1

1.	2.	3.				

2

	2.					

3

4

1.		3.					8.								16.				

5 Lea steht am Eisstand an. Vor ihr stehen 3 Personen, hinter ihr stehen 5 Personen. Wie viele Personen warten?

1–3 Situationen nachspielen und besprechen. Ordnungszahlen eintragen. **4** Alle Ordnungszahlen von 1 bis 20 der Reihe nach aufschreiben. **5** Mit Plättchen, zeichnerisch oder im Kopf lösen.

6

4.	1.			

7

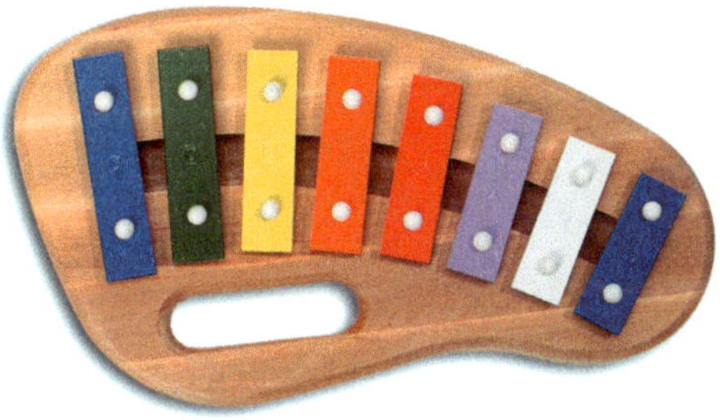

			1.				

8 Jedes an seinen Platz. Verbinde.

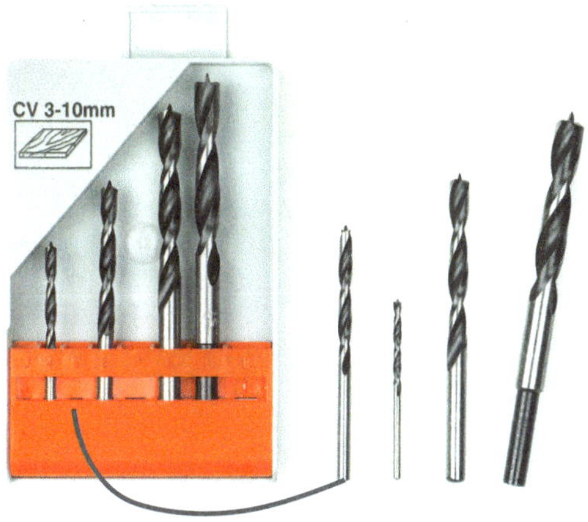

9 Welche Schraube passt? Verbinde.

■ **6–9** Situationen beschreiben, dabei Begriffe „größer, gleich groß, kleiner" benutzen. Situationen nachbauen. Ordnungszahlen eintragen. Gewichten und Bohrern den passenden Platz zuordnen. Schrauben und Muttern passender Größe verbinden. → Arbeitsheft, Seite 28

1

2

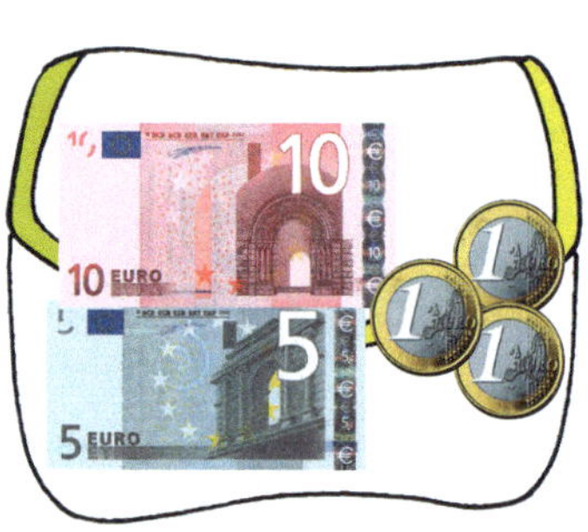

18 Euro

.... Euro

.... Euro

.... Euro

.... Euro

.... Euro

3 Lege 11 Euro.

4 Lege 17 Euro.

5 Lege 19 Euro.

1-Euro- und 2-Euro-Münze, 5-Euro-, 10-Euro- und 20-Euro-Schein vorstellen. **1** Eintritt 20 Euro auf verschiedene Weise legen: „Wie kann die Familie den Eintritt bezahlen?" **2** Geldbeträge bestimmen. **3–5** Weitere Geldbeträge legen. Evtl. Blitzrechenübung „Immer 20" mit Geld durchführen (s. Seite 41). → Arbeitsheft, Seite 29 → Verstehen und Trainieren, Seiten 11, 13

■ ■ Meterstäbe und Knotenschnüre (Knoten in 1 m Abstand) herstellen und Längen ungefähr ausmessen. Stützpunktwissen für 1 m (Armspanne) aufbauen. Notwendigkeit normierter Maße besprechen.

Was der Spiegel alles kann

1

2

3

4

1 Bild und Schrift mit Spiegel verändern: Mach Lisa traurig, mach Lisa fröhlich. **2** Das Haus breiter, schmaler, mit mehr oder weniger Fenstern; den Teich größer, kleiner, mit mehr oder weniger Fröschen verändern. **3** Eine Torte mit 2, 3, 4, 5, 6, 7, ...12 Tortenstücken herstellen. **4** Stange mit mehr (10, 9, 8, ...) oder weniger (1, 2, 3, 4) Papageien erzeugen. **1–4** Bei Bedarf nicht benutzte Motive mit weißem Papier abdecken.

Forschen und Finden

5 Mache aus 5 Plättchen
10, 9, 8, 7, 6, 5, 4, 3, 2, 1, 0 Plättchen.

6 Mache aus 10 Plättchen
20, 19, 18, 17, 16, …, 4, 3, 2, 1, 0 Plättchen.

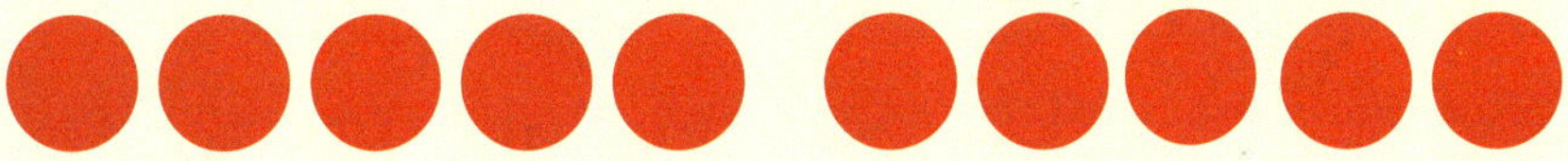

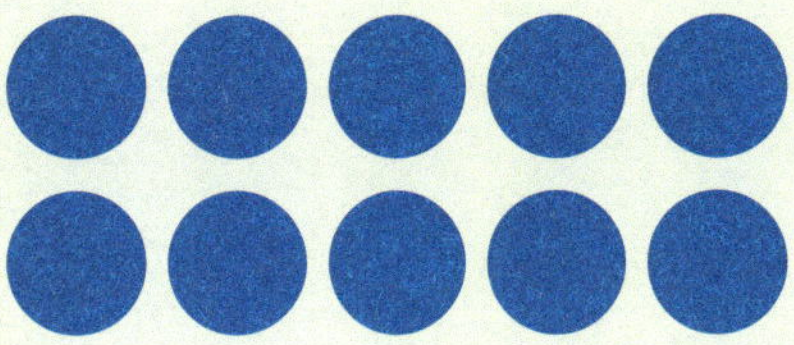

■ **5, 6** Verschiedene Anzahlen erspiegeln, zur besseren Übersicht nicht benutzte Motive mit weißem Papier abdecken. Wie bei allen grün unterlegten Aufgaben ist hier Raum zur natürlichen Differenzierung gegeben.

Verdoppeln mit dem Spiegel

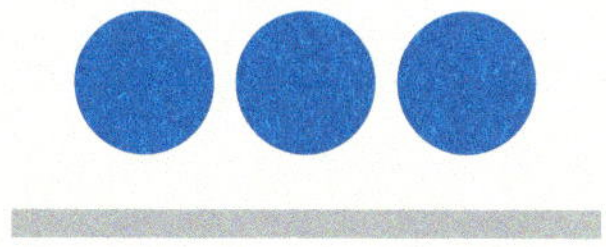

1

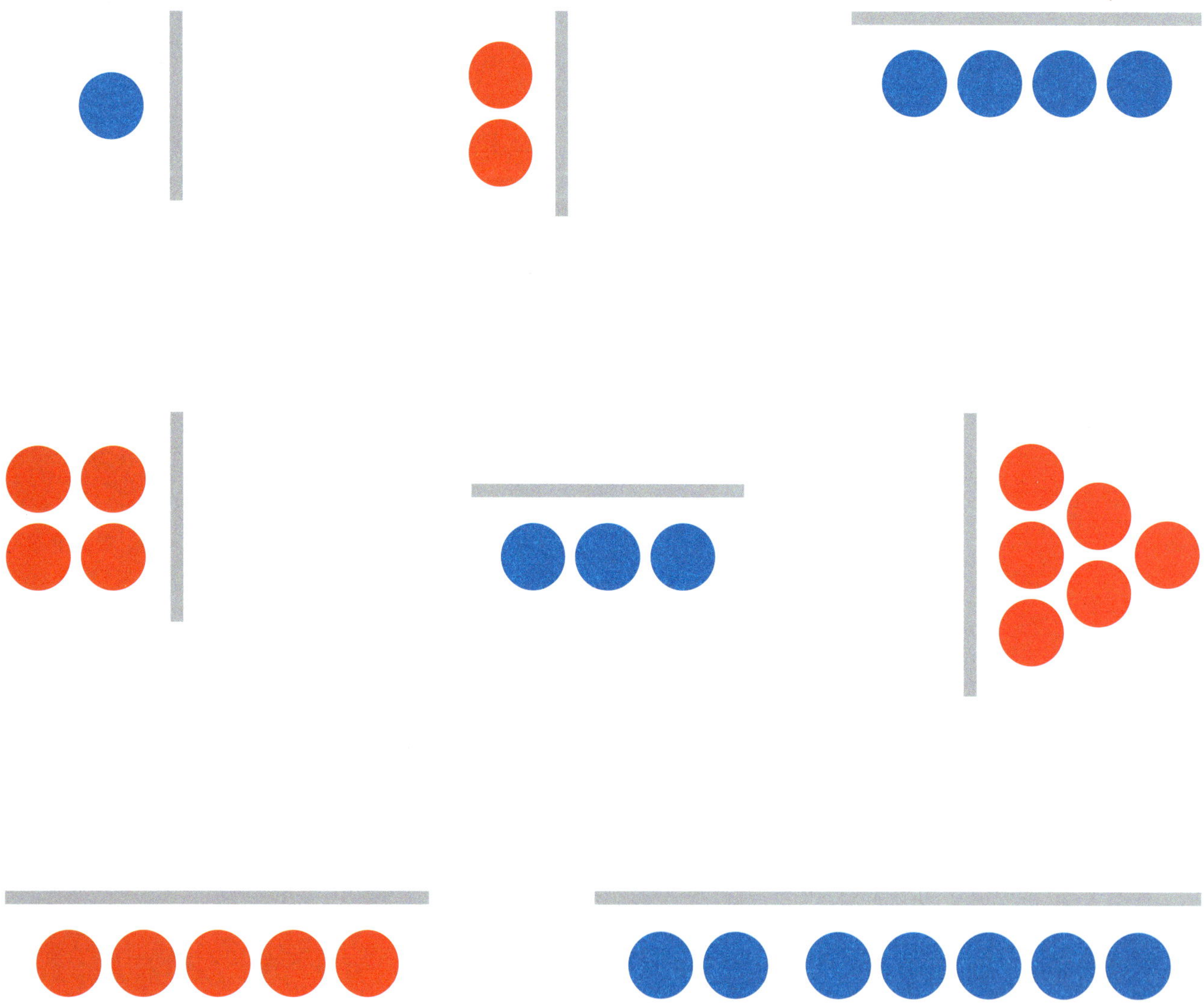

2 Aus  mache 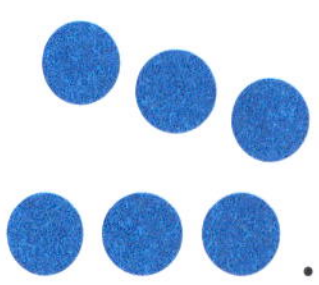.

3 Aus  mache 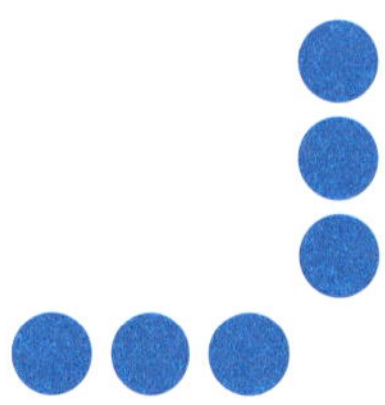.

■ **1** Muster an der Spiegelachse spiegeln, mündlich jeweils Anzahl und das Doppelte bestimmen. Sprechweise „1 plus 1 ist gleich 2“ oder kürzer „1 plus 1 gleich 2“ einführen. **2, 3** Mit dem Spiegel probierend lösen.

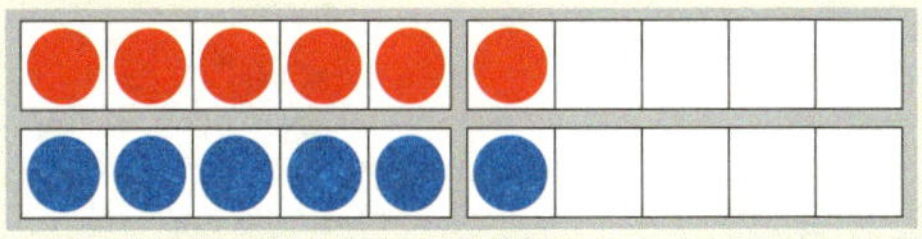

6 + 6 = 12
6 plus 6 ist gleich 12

1

.... + ... = ...

.... + ... = ...

2 Lege, rechne und vergleiche.

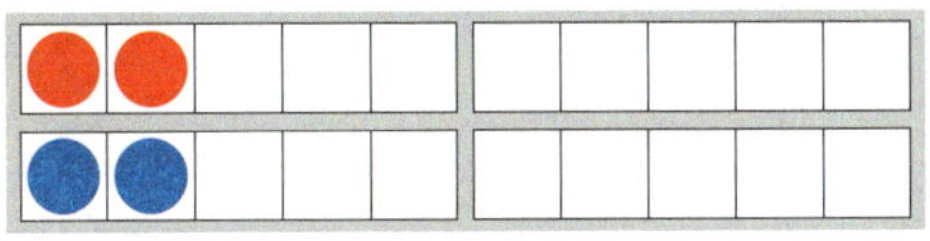

2 + 2 = ...

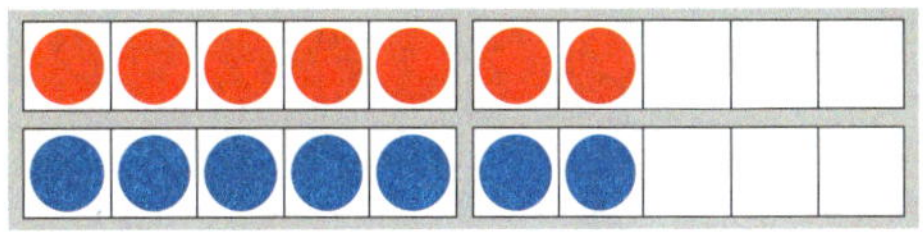

7 + 7 = ...

1 + 1 = ...	3 + 3 = ...	4 + 4 = ...	5 + 5 = ...
6 + 6 = ...	8 + 8 = ...	9 + 9 = ...	10 + 10 = ...

3 Male ein Bild: Murat hat 8 Bücher. Helena hat doppelt so viele. ?

Blitzrechnen: Verdoppeln

Rote Zahl nennen.

Verdoppeln.

■ **1** Verdopplungsaufgaben mit Plättchen nachlegen und rechnen. Gleichheitszeichen besprechen, evtl. Sprechweise „gleich“ statt „ist gleich“ einführen. **2** Fünfertrick besprechen: 7 + 7 = (5 + 5) + (2 + 2). **3** Fragesymbol als Anregung zum Finden passender Fragen erklären (s. Seite 3). → Arbeitsheft, Seite 30 ⚡ Zur Grundlegung und zum weiteren regelmäßigen Üben Seite 135 oder aufgeklappte Umschlagseite im Arbeitsheft benutzen. → Verstehen und Trainieren 1, Seite 18

1 Finde zu jeder Aufgabe ein passendes Bild.
Lege mit Plättchen nach und rechne aus.

2 + 2 = 4	6 + 3 = ...	5 + 4 = ...
2 + 3 = ...	1 + 1 = ...	5 + 3 = ...
3 + 6 = ...	3 + 2 = ...	

Kinder zum Erzählen über die Sachsituation anregen. **1** Aufgaben den Bildern zuordnen und mit Plättchen nachlegen. Dabei an Beispielen schon auf Tauschaufgaben eingehen. Struktur einer Plusaufgabe besprechen (erste Zahl, Pluszeichen, zweite Zahl, Gleichheitszeichen, Ergebnis).

2 Finde zu jedem Bild eine Plusaufgabe und rechne.

.... + ... = ...

.... + ... = ...

.... + ... = ...

.... + ... = ...

.... + ... = ...

.... + ... = ...

3 Lege mit Plättchen und rechne.

4 + 4 = ...	1 + 2 = ...	5 + 3 = ...	4 + 1 = ...	7 + 3 = ...
5 + 4 = ...	2 + 2 = ...	5 + 5 = ...	4 + 2 = ...	6 + 4 = ...

4 Finde Plusaufgaben und male dazu Bilder.

2 Zu den Bildern erzählen, Plusaufgaben finden, rechnen. Eigene Bilder sammeln. **3** Plusaufgaben legen und rechnen. **4** Eigene Aufgaben ins Heft schreiben und rechnen (Standortbestimmung). → Arbeitsheft, Seite 31
→ Verstehen und Trainieren 1, Seiten 19, 20

1 Wie rechnet ihr 8 + 7?

Wie rechnen die Kinder? Welche einfachen Aufgaben benutzen sie?
Vergleicht mit euren Rechenwegen.

2 Wie rechnen die Kinder die Aufgabe 9 + 6 = 15?

Mia: 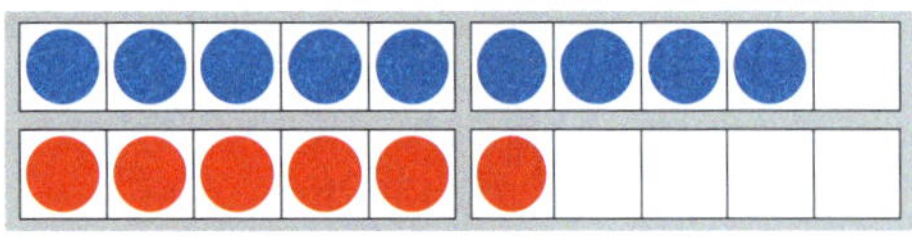

Max: 

Tim: 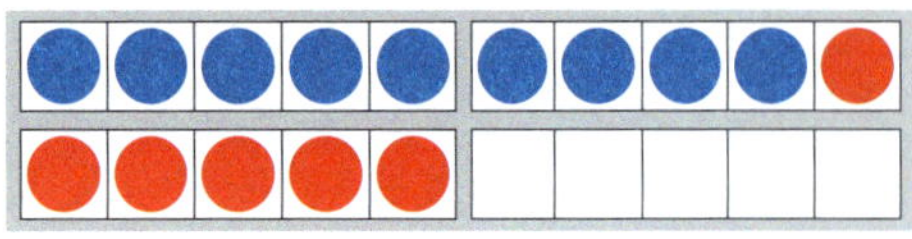

Lara rechnet: 10 + 5 = 15

3 Wie rechnest du?

9 + 7 = ... 6 + 9 = ... 8 + 5 = ... 8 + 6 = ... 5 + 7 = ...

1 Aufgabe 8 + 7 zuerst von den Kindern rechnen lassen. Besprechen, wie gerechnet wurde (Mathekonferenz). Rechenwege von Mia, Lara, Tim und Max besprechen. Die benutzten einfachen Aufgaben bewusst machen (Aufgaben mit 5, Verdoppeln, Ergänzen bis 10). Kinder darauf hinweisen, dass sie ihre eigenen Wege wählen dürfen. **2** Aufgabe rechnen. Lösungswege gemeinsam besprechen. **3** Aufgaben mit eigenem Lösungsweg lösen.

1 Warum haben 6 + 5 und 5 + 6 das gleiche Ergebnis?

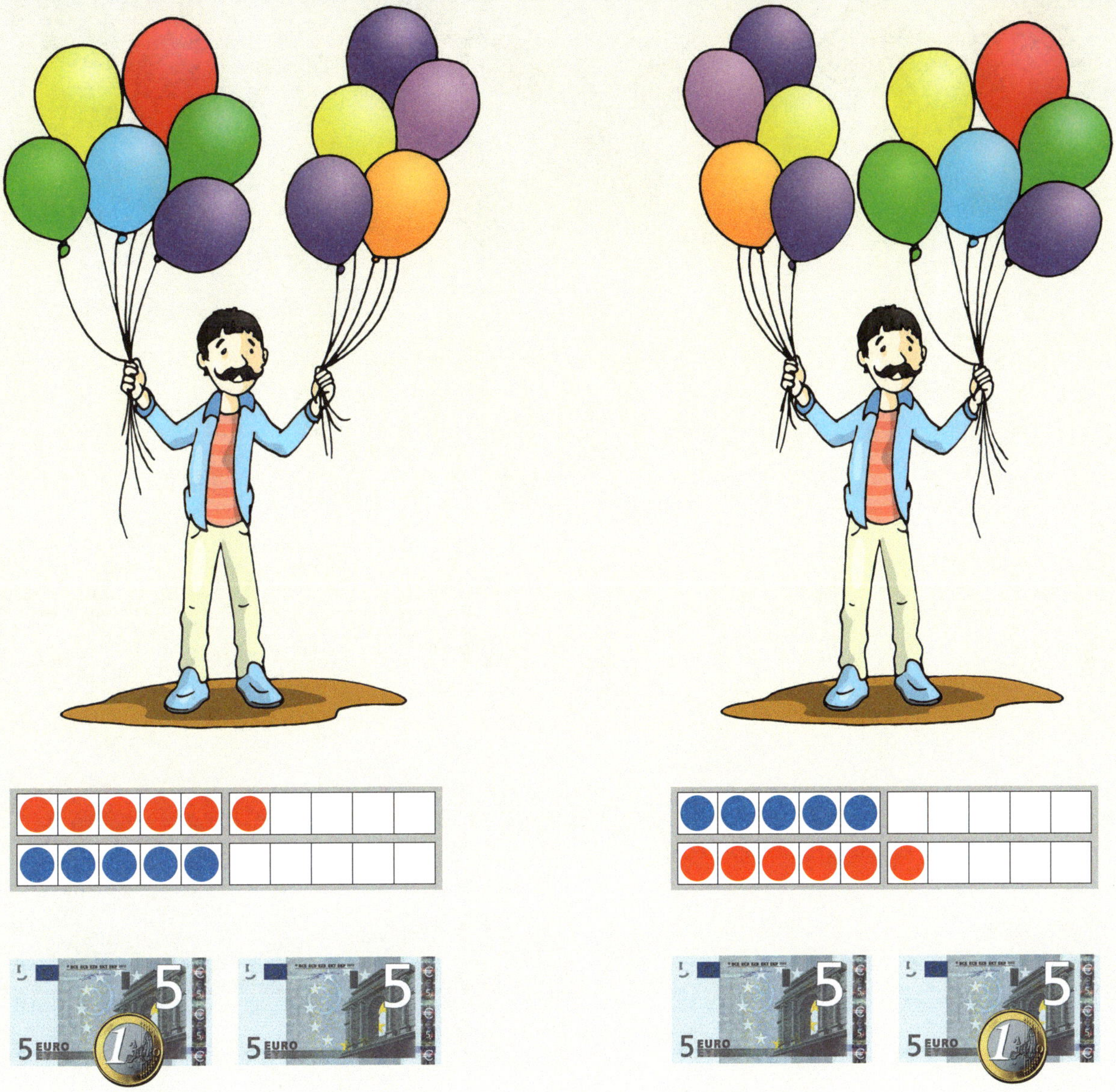

Tauschaufgaben haben immer das gleiche Ergebnis.

2 Welche Aufgabe findest du einfacher? Rechne sie zuerst.

1 + 8 = ...	10 + 3 = ...	5 + 8 = ...	6 + 4 = ...	9 + 3 = ...
8 + 1 = 9	3 + 10 = ...	8 + 5 = ...	4 + 6 = ...	3 + 9 = ...

3 Rechne immer Aufgabe oder Tauschaufgabe.

3 + 5 = ...	3 + 7 = ...	5 + 15 = ...	2 + 10 = ...	4 + 7 = ...
1 + 11 = ...	5 + 10 = ...	19 + 1 = ...	4 + 5 = ...	2 + 12 = ...
7 + 10 = ...	1 + 6 = ...	1 + 13 = ...	5 + 7 = ...	8 + 3 = ...

■ **1** Unabhängigkeit des Ergebnisses von der Reihenfolge der Summanden besprechen. Dabei Begriff „Tauschaufgabe" klären. **2, 3** Aufgabe und Tauschaufgabe bzgl. des Rechenaufwands vergleichen. Wahl der größeren Zahl als ersten Summanden als Rechenvorteil herausstellen. → Arbeitsheft, Seite 32

1 Zeige die Aufgaben an den Bildern.

$3 + 1 =$ ……
$1 + 3 =$ ……

$3 + 4 =$ ……
$4 + 3 =$ ……

$2 + 2 + 1 =$ ……
$1 + 2 + 2 =$ ……

2

$1 + 1 =$ ……	$2 + 10 =$ ……
$5 + 1 =$ ……	$10 + 5 =$ ……
$1 + 8 =$ ……	$10 + 4 =$ ……
$13 + 1 =$ ……	$8 + 10 =$ ……
$19 + 1 =$ ……	$10 + 10 =$ ……

3

$1 + 2 =$ ……	$4 + 4 =$ ……
$2 + 3 =$ ……	$4 + 3 =$ ……
$3 + 4 =$ ……	$2 + 4 =$ ……
$4 + 5 =$ ……	$4 + 1 =$ ……
$5 + 4 =$ ……	$4 + 0 =$ ……

4 Rechne im Heft.

3 + 2
4 + 1
2 + 3
1 + 4
0 + 5

3 + 2 = 5
4 + 1 = 5
2 + 3 =

5 Rechne im Heft.

8 + 2
5 + 4
7 + 1
7 + 3
4 + 4

8 + 2 = 10
~~5 + 4 = 9~~
5 + 4 = 9

6 Rechne im Heft.

5 + 1
9 + 5
4 + 6

5 + 1 = 6
9 + 5 =

6 + 5	5 + 3	8 + 8
5 + 4	6 + 6	5 + 10
2 + 5	8 + 5	3 + 2

7 Rechne im Heft.

5 + 2
4 + 4
5 + 6

~~5 + 2 = 8~~
5 + 2 = 7

6 + 4	3 + 3	1 + 4
4 + 5	5 + 8	10 + 6
4 + 10	7 + 5	1 + 14

8 Rechne selbst einfache Plusaufgaben.

■ **1–7** Einfache Plusaufgaben in Vorbereitung auf schwierige rechnen. An Beispiel Aufbau von Päckchen besprechen (erste, zweite, dritte, … Aufgabe oder Rechnung). **4, 5** Saubere Heftführung und stellengerechte Schreibweise besprechen. **6, 7** Zur Kontrolle: Alle Zahlen von 5 bis 16 kommen je einmal als Ergebniszahlen vor. → Arbeitsheft, Seite 33 → Verstehen und Trainieren 1, Seiten 19, 20

1

Aus 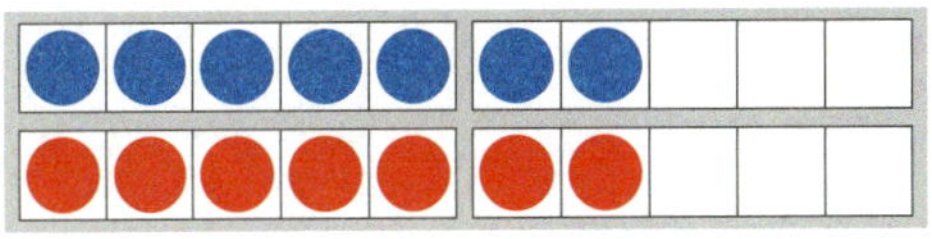 mache 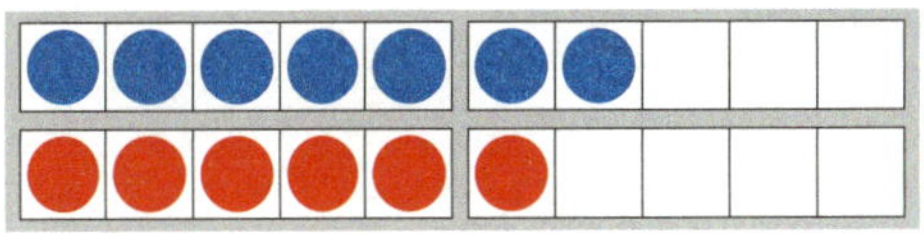

7 + 7 = ... 7 + 6 = ...

Aus 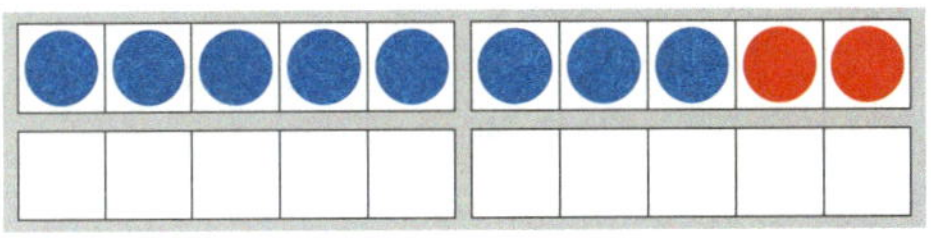 mache 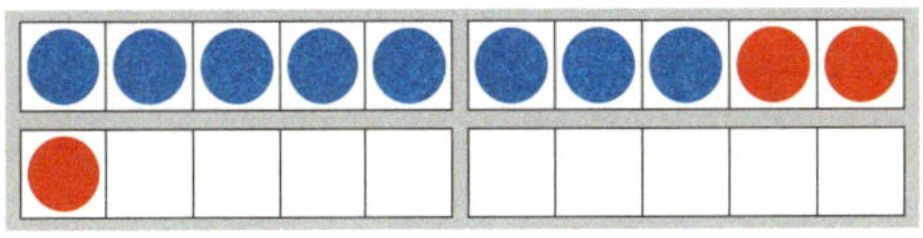

8 + 2 = ... 8 + 3 = ...

Aus 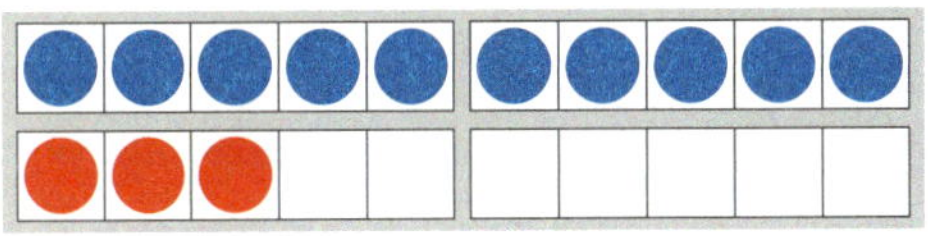 mache 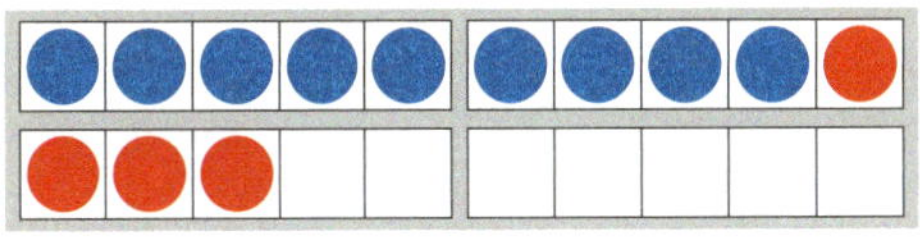

10 + 3 = ... 9 + 4 = ...

2 Lege, rechne, vergleiche.

5 + 5
5 + 4
4 + 4
4 + 3
3 + 3

5 + 5 = 10

5 + 4 = 9

4 + 4 =

3 Rechne ebenso.

6 + 4	6 + 6	4 + 1
6 + 3	7 + 5	4 + 2
7 + 2	8 + 5	3 + 3
7 + 3	8 + 6	3 + 2
7 + 4	7 + 7	2 + 2

4

9 + 1 = ...	8 + 8 = ...	10 + 8 = ...	7 + 3 = ...	6 + 6 = ...
9 + 2 = ...	7 + 8 = ...	9 + 8 = ...	8 + 3 = ...	5 + 7 = ...

Blitzrechnen: Plusaufgaben

Plusaufgabe legen.

Plusaufgaben rechnen.

■ 1 Die erste leichte Aufgabe jeweils mit Plättchen legen und durch Hinzufügen, Wegnehmen oder Wenden eines Plättchens abwandeln. 2–4 Beziehungen zwischen den Aufgaben besprechen. → Arbeitsheft, Seite 34
Zur Grundlegung und zum weiteren regelmäßigen Üben Seite 134 oder aufgeklappte Umschlagseite im Arbeitsheft benutzen. → Verstehen und Trainieren 1, Seiten 21, 22

1 Lege. Beginne immer mit einer einfachen Aufgabe. Kreuze sie an.

6 + 8 = ...
7 + 7 = ...
5 + 9 = ...

9 + 7 = ...
10 + 6 = ...
8 + 8 = ...

8 + 6 = ...
10 + 4 = ...
9 + 5 = ...

10 + 2 = ...
7 + 5 = ...
6 + 6 = ...

2

3 + 2 = ...	6 + 2 = ...	1 + 9 = ...	4 + 5 = ...
13 + 2 = ...	16 + 2 = ...	1 + 19 = ...	4 + 15 = ...
3 + 12 = ...	6 + 12 = ...	11 + 9 = ...	14 + 5 = ...

3

7 + 7 + 2 = ...	9 + 1 + 6 = ...	8 + 7 + 2 = ...	5 + 2 + 5 = ...
7 + 9 = ...	9 + 7 = ...	8 + 9 = ...	7 + 5 = ...
14 + 2 = ...	10 + 6 = ...	10 + 7 = ...	10 + 2 = ...

4

4 + 1 = ...	3 + 4 = ...	2 + 3 = ...	2 + 4 = ...
1 + 14 = ...	3 + 14 = ...	13 + 2 = ...	14 + 2 = ...
14 + 1 = ...	13 + 4 = ...	12 + 3 = ...	12 + 4 = ...

5

6 + 7 = ...	8 + 7 = ...	7 + 9 = ...	5 + 8 = ...
6 + 4 = ...	8 + 2 = ...	7 + 3 = ...	5 + 5 = ...
10 + 3 = ...	10 + 5 = ...	10 + 6 = ...	10 + 3 = ...

6 Paul hat eine Plusaufgabe gerechnet.
Das Ergebnis ist 13.
Er erhöht die erste Zahl um 2.
Er erhöht die zweite Zahl um 1.
Wie lautet das neue Ergebnis?

7 Finde viele Plusaufgaben mit dem Ergebnis 13.

1–5 Beziehungen zwischen den Aufgaben besprechen. **6** Am Beispiel die Beziehung zwischen Summanden und Ergebnis besprechen. Ähnliche Aufgaben zu Beginn einer Stunde wiederholt stellen. → Arbeitsheft, Seite 35
→ Verstehen und Trainieren 1, Seiten 21, 22

1 Schöne Päckchen.
Lege, rechne und erkläre.

5 + 1 = ...
6 + 2 = ...
7 + 3 = ...
8 + 4 = ... Wie geht es weiter?

....

2 Schöne Päckchen.

7 + 4	5 + 4	4 + 5
7 + 3	4 + 4	6 + 6
7 + 2	3 + 4	8 + 7
7 + 1	2 + 4	10 + 8
7 + 0	1 + 4	12 + 9

3 Erfinde selbst schöne Päckchen.

4 Schöne Päckchen?

5 + 2	5 + 2 = 7	1 + 1
6 + 3	6 + 3 = 9	3 + 3
7 + 3	(7 + 3 = 10)	5 + 5
8 + 5	7 + 4 = 11	7 + 7
9 + 6	8 + 5 =	9 + 9

5 Schöne Päckchen?

1 + 3	5 + 9
3 + 4	6 + 7
5 + 5	7 + 5
7 + 7	8 + 2
9 + 7	9 + 1

Forschen und Finden

6 Wer trifft die 20?
Wählen eine Startzahl.
Rechne 5 dazu.
Rechne dann 4 dazu.
Rechne dann 3, 2 und 1 dazu, solange du nicht über 20 bist.
Triffst du die 20?

Anna:	Max:
9 + 5 = 14	8 + 5 = 13
14 + 4 = 18	13 + 4 = 17
18 + 3 = 21 ☹	17 + 3 = 20 ☺

■ **1, 2** Muster im Aufbau „schöner Päckchen“ am Beispiel besprechen (**1** erste und zweite Zahl immer um 1 größer). Muster in Ergebnissen mündlich beschreiben, mit Plättchen am Zwanzigerfeld begründen. **4, 5** Übungsformat „Schöne Päckchen?“ am Beispiel besprechen. Störungen finden, markieren, reparieren, Päckchen evtl. fortsetzen. **6** Einige Beispiele gemeinsam rechnen. Dann probierend lösen. Kinder zur Variation der Startzahl anregen. → Arbeitsheft, Seite 35

8 – 2 = 6

8 minus 2 ist gleich 6

1 Lege Plättchen.

Lege 8, nimm 2 weg. 8 – 2 = 6

Lege 8, nimm 3 weg. 8 – 3 = ...

Lege 8, nimm 5 weg. 8 – 5 = ...

Lege 8, nimm 4 weg. 8 – 4 = ...

Lege 8, nimm 8 weg. 8 – 8 = ...

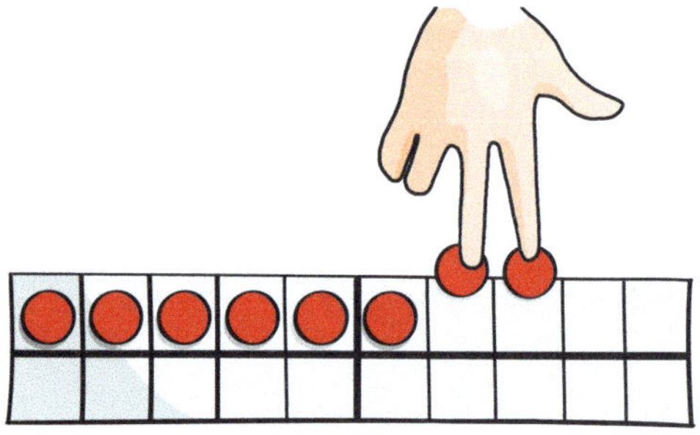

2 Lege 9, decke 2 ab.

Lege 9, decke 4 ab.

Lege 9, decke 5 ab.

Lege 9, decke 7 ab.

Lege 9, decke 8 ab.

Lege 9, decke 9 ab.

9	–	2	=	7
9	–	4	=	

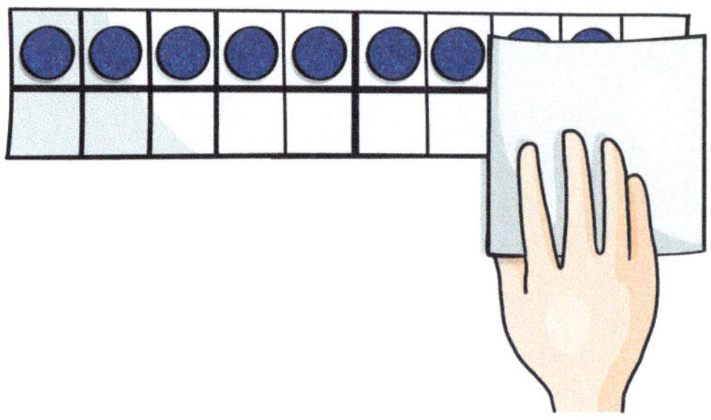

3 5 Bananen. Der Affe frisst 3 Bananen. ?

4 10 Birnen. 4 davon sind gelb. ?

Sprechweise bei Minusaufgaben einführen. Ggf. auf Verkürzung „gleich" statt „ist gleich" hinweisen **1, 2** Minusaufgaben mit Plättchen legen und rechnen. **3, 4** Aufgaben evtl. mit Plättchen nachlegen und handelnd lösen. Bei **3** die Analogie zu **1**, bei **4** die Analogie zu **2** besprechen. Fragesymbol nochmals erklären. Fragen stellen und mündlich beantworten. → Arbeitsheft, Seite 36 → Verstehen und Trainieren 1, Seiten 23, 24

5 Finde zu jeder Aufgabe ein passendes Bild.
Lege mit Plättchen nach und rechne aus.

7 – 3 = 4	7 – 2 = ...	8 – 1 = ...
10 – 3 = ...	7 – 1 = ...	
9 – 2 = ...	9 – 3 = ...	

Kinder zum Erzählen über die Sachsituation anregen. **5** Minusaufgaben im Bild finden, nachlegen und rechnen. Struktur einer Minusaufgabe besprechen (erste Zahl, Minuszeichen, zweite Zahl, Gleichheitszeichen, Ergebnis).
→ Arbeitsheft, Seite 37

1 Finde Minusaufgaben und rechne.

12 – ___ = ___

8 – ___ = ___

5 – ___ = ___

6 – ___ = ___

9 – ___ = ___

9 – ___ = ___

7 – ___ = ___

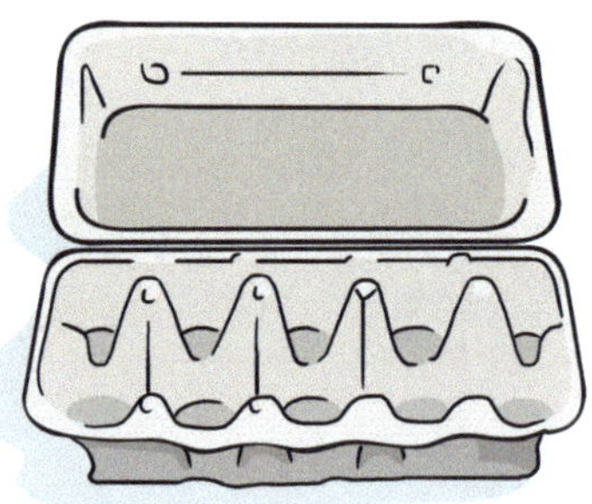

10 – ___ = ___

7 – ___ = ___

2 Lege mit Plättchen und rechne.

7 – 1 = ___	4 – 2 = ___	6 – 3 = ___	5 – 2 = ___	7 – 4 = ___
7 – 6 = ___	4 – 3 = ___	6 – 4 = ___	6 – 2 = ___	8 – 3 = ___

3 Finde Minusaufgaben und male dazu Bilder.

1 Zu den Bildern erzählen, Minusaufgaben rechnen. Eigene Bilder sammeln. **2** Minusaufgaben rechnen.
3 Eigene Aufgaben ins Heft schreiben und rechnen (Standortbestimmung). → Arbeitsheft, Seite 38

1 Wie rechnet ihr 11 – 5?

Wie rechnen die Kinder? Welche einfachen Aufgaben benutzen sie?
Vergleicht mit euren Rechenwegen.

2 Wie rechnen die Kinder die Aufgabe 15 – 6 = 9?

Paul:

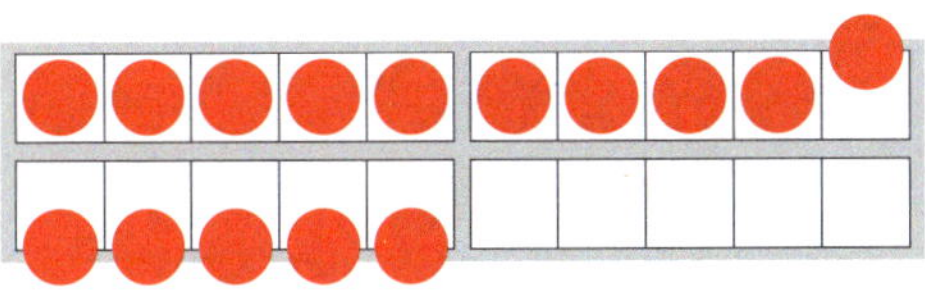

Leon:

Aynur rechnet: 15 – 5 = 10
15 – 6 = 9

Nora: 9 + 6 = 15

3 Wie rechnest du?

12 – 4 = ……… 15 – 9 = ……… 13 – 5 = ……… 14 – 6 = ……… 13 – 7 = ………

1 Aufgabe 11–5 rechnen. Besprechen, wie gerechnet wurde (Mathekonferenz). Rechenwege von Nora, Leon, Paul und Aynur besprechen. Die benutzten einfachen Aufgaben bewusst machen (Kraft der Fünf, Hilfsaufgaben 10–5 = 5, 11–1). **2** Aufgabe rechnen. Lösungswege gemeinsam besprechen. **3** Aufgaben mit eigenem Lösungsweg lösen.

1 Zeige die Aufgaben an den Bildern.

6 – 1 = ... 10 – 3 = ... 12 – 2 = ...

2 Lege und rechne.

11 – 1 = ...	15 – 10 = ...
11 – 10 = ...	15 – 1 = ...
14 – 4 = ...	5 – 2 = ...
20 – 10 = ...	13 – 2 = ...
14 – 10 = ...	15 – 2 = ...

3 Schöne Päckchen. Setze fort.

7 – 1 = ...	3 – 2 = ...
7 – 2 = ...	5 – 4 = ...
7 – 3 = ...	7 – 6 = ...
7 – 4 = ...	9 – 8 = ...
....	....

4 Rechne im Heft.

10 – 3
10 – 5
10 – 6
10 – 7
10 – 9

1 0 – 3 = 7
1 0 – 5 =
1 0 – 6 =

5 Rechne im Heft.

9 – 5	19 – 10	8 – 0
9 – 4	17 – 10	5 – 0
8 – 5	15 – 5	10 – 0
8 – 3	13 – 10	10 – 10
7 – 3	17 – 7	11 – 11

6 Rechne im Heft.

9 – 5
10 – 5
10 – 4

9 – 5 = 4
~~1 0 – 5~~
1 0 – 5 =

12 – 5	12 – 11	18 – 8
7 – 5	12 – 1	18 – 9
8 – 5	12 – 12	13 – 5

7 Rechne ebenso.

10 – 6
9 – 6
11 – 6

1 0 – 6 = 4
~~9 – 6~~
9 – 6 =

12 – 6	9 – 8	20 – 10
10 – 3	9 – 9	12 – 10
18 – 10	14 – 3	10 – 1

■ **1–7** Einfache Minusaufgaben rechnen. Bei Bedarf mit Plättchen legen. **3** Muster besprechen und fortsetzen. **4–7** Saubere Heftführung und stellengerechte Schreibweise besprechen. **6, 7** Zur Kontrolle: Alle Zahlen von 0 bis 11 kommen als Ergebniszahlen je einmal vor. → Arbeitsheft, Seite 39

1

Aus 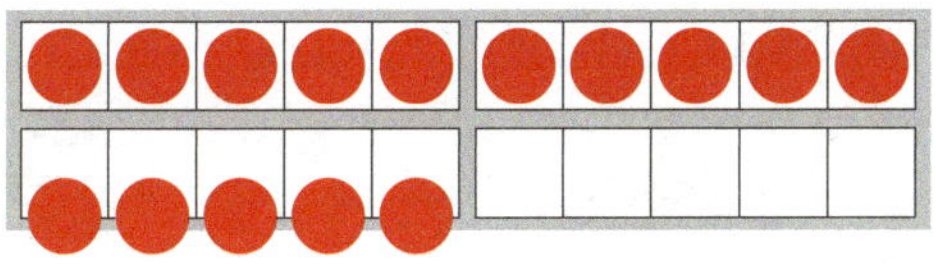 mache 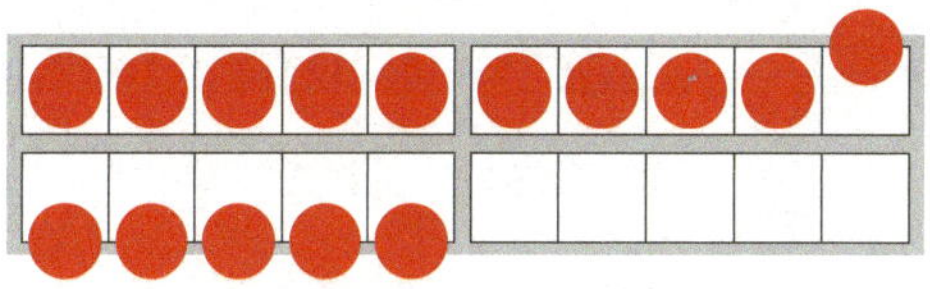

15 − 5 = ... 15 − 6 = ...

Aus 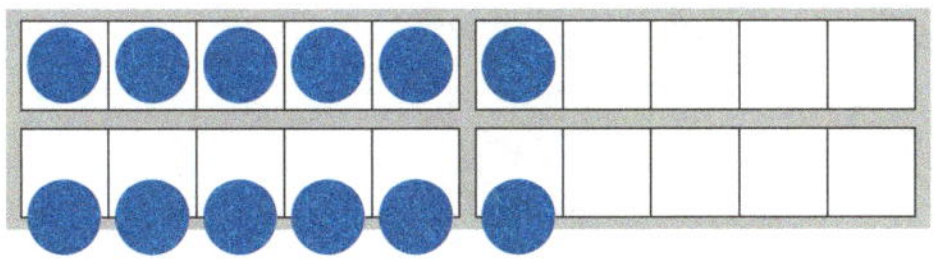 mache 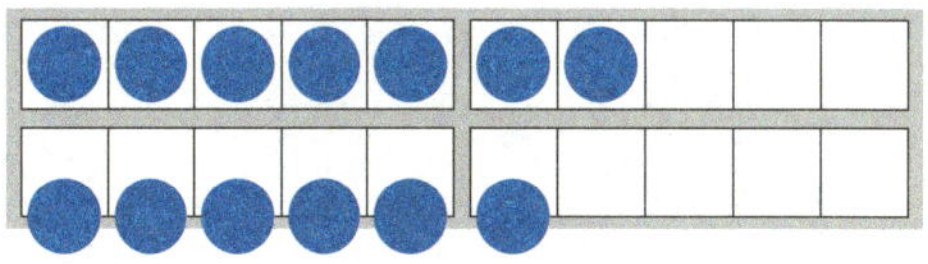

12 − 6 = ... 13 − 6 = ...

Aus 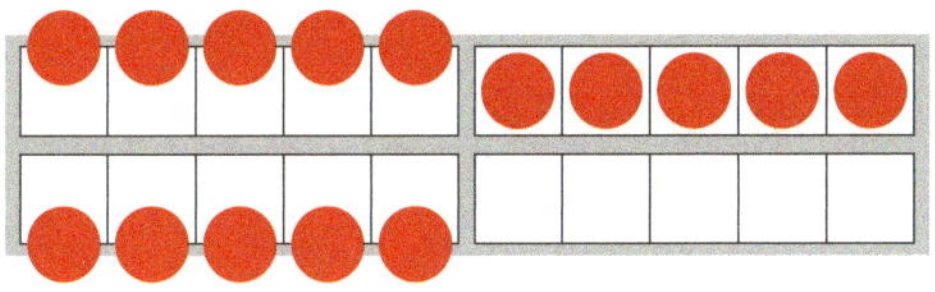 mache 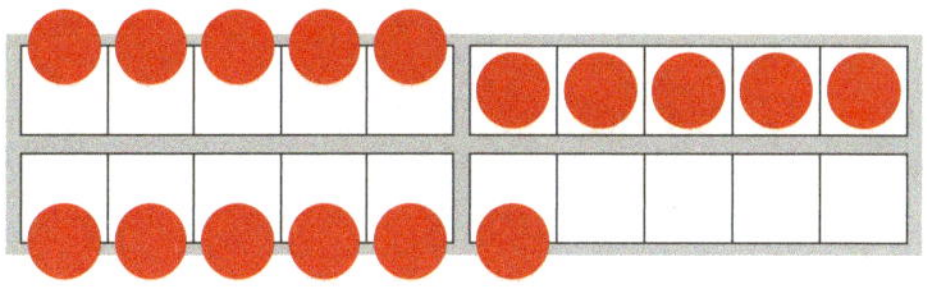

15 − 10 = ... 16 − 11 = ...

2 Lege, rechne, vergleiche.

12 − 2
12 − 3
12 − 5
12 − 6
12 − 7

12 − 2 = 10
12 − 3 = 9
12 − 5 =

3 Rechne ebenso.

15 − 5	14 − 7	16 − 8
15 − 6	15 − 7	15 − 8
16 − 6	18 − 8	15 − 10
16 − 7	17 − 9	15 − 9
17 − 7	17 − 10	16 − 9

4

13 − 3 = ...	19 − 10 = ...	17 − 7 = ...	14 − 7 = ...	12 − 6 = ...
13 − 4 = ...	19 − 11 = ...	17 − 8 = ...	15 − 8 = ...	13 − 7 = ...

Blitzrechnen: Minusaufgaben

Minusaufgabe legen.

Minusaufgabe nennen und rechnen.

1 Die erste Aufgabe jeweils mit Plättchen legen und durch Hinzufügen, Wegnehmen oder Wenden eines Plättchens abwandeln. → Arbeitsheft, Seite 40 Zur Grundlegung und zum weiteren regelmäßigen Üben Seite 134 oder aufgeklappte Umschlagseite im Arbeitsheft benutzen. → Verstehen und Trainieren 1, Seiten 25, 26

1 Lege. Beginne immer mit einer einfachen Aufgabe. Kreuze sie an.

13 – 8 = ……
13 – 9 = ……
13 – 10 = ……

12 – 2 = ……
12 – 4 = ……
12 – 6 = ……

10 – 2 = ……
14 – 6 = ……
18 – 10 = ……

16 – 10 = ……
13 – 7 = ……
10 – 4 = ……

2

7 – 4 = ……	5 – 3 = ……	8 – 6 = ……	9 – 5 = ……
17 – 4 = ……	15 – 3 = ……	18 – 16 = ……	19 – 15 = ……
17 – 14 = ……	15 – 13 = ……	18 – 6 = ……	19 – 5 = ……

3

7 + 7 – 7 = ……	8 + 8 – 8 = ……	9 + 9 – 9 = ……	6 + 6 – 5 = ……
14 – 7 = ……	16 – 8 = ……	18 – 9 = ……	12 – 5 = ……
15 – 7 = ……	16 – 7 = ……	18 – 11 = ……	12 – 7 = ……

4

15 – 8 = ……	14 – 9 = ……	16 – 11 = ……	12 – 6 = ……
15 – 10 = ……	14 – 8 = ……	16 – 9 = ……	12 – 5 = ……
15 – 9 = ……	14 – 10 = ……	16 – 10 = ……	12 – 7 = ……

5

13 – 7 = ……	15 – 7 = ……	16 – 7 = ……	12 – 7 = ……
13 – 3 = ……	15 – 5 = ……	16 – 6 = ……	12 – 2 = ……
10 – 4 = ……	10 – 2 = ……	10 – 1 = ……	10 – 5 = ……

6 Paul hat eine Minusaufgabe gerechnet.
Das Ergebnis ist 7.
Er erhöht beide Zahlen um 2.
Wie lautet das neue Ergebnis?

7 Finde viele Minusaufgaben mit dem Ergebnis 7.

1–5 Beziehungen zwischen den Aufgaben besprechen. **3** Aufgaben mit drei Zahlen handelnd interpretieren (vgl. Seite 38 mit ähnlichen mündlichen Aufgaben). **6** Am Beispiel die Beziehung zwischen den Zahlen (Minuend und Subtrahend) und Ergebnis besprechen. Ähnliche Aufgaben zu Beginn einer Stunde wiederholt stellen. → Arbeitsheft, Seite 41 → Verstehen und Trainieren 1, Seiten 25, 26

1 Schöne Päckchen.
Lege, rechne und erkläre.

9 – 4 = ...
10 – 5 = ...
11 – 6 = ...
12 – 7 = ...
13 – 8 = ... Wie geht es weiter?

....

2 Schöne Päckchen.

13 – 10	18 – 10	18 – 10
13 – 9	18 – 8	17 – 9
13 – 8	18 – 6	16 – 8
13 – 7	18 – 4	15 – 7
13 – 6	18 – 2	14 – 6

3 Erfinde selbst schöne Päckchen.

4 Schöne Päckchen?

6 – 3	6 – 3 = 3	11 – 0
7 – 4	7 – 4 = 3	12 – 2
9 – 5	(9 – 5 = 4)	13 – 4
9 – 6	8 – 5 = 3	14 – 7
10 – 7	9 – 6 =	15 – 8

5 Schöne Päckchen?

15 – 5	11 – 4
14 – 4	12 – 6
13 – 3	15 – 8
12 – 2	17 – 10
11 – 1	19 – 12

Forschen und Finden

6 Wer trifft die 0?

Wähle eine Startzahl.
Ziehe 5 ab.
Ziehe dann 4 ab.
Ziehe 3, 2 und 1 ab,
solange es geht.
Triffst du die 0?

Finn:
11 – 5 = 6
6 – 4 = 2
2 – 3 = ☹

Lea:
12 – 5 = 7
7 – 4 = 3
3 – 3 = 0 ☺

■ **1** Nochmals Struktur „schöner Päckchen“ besprechen (hier Vergrößerung der ersten und zweiten Zahl um je 1). Muster in Ergebnissen beschreiben, mit Plättchen am Zwanzigerfeld begründen. **2** Muster beschreiben und begründen. **4, 5** Störungen finden, markieren, reparieren, Päckchen evtl. fortsetzen. **6** Einige Beispiele gemeinsam rechnen, dann probierend lösen. Kinder zur Variation der Startzahl anregen. → Arbeitsheft, Seite 41

Formen des Legespiels „Mini-Tangram“ benennen: Kleines, mittleres, großes Dreieck, Rechteck (Mini-Tangram, Beilage). Häuser mit passenden Formen auslegen. Kleine (schwarze) Figuren nachlegen.

■ Quadrat mit allen 6 Formen und Segelboot mit 5 Formen auslegen. Kleine (schwarze) Figuren nachlegen.
→ Arbeitsheft, Seite 42

1 Beschreibe.

Mosaik aus Persien

Afrikanisches Lehmhaus

Zeichne nach und setze fort.

2

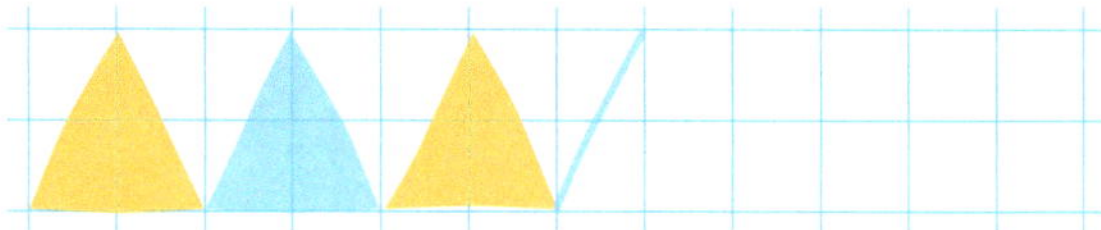

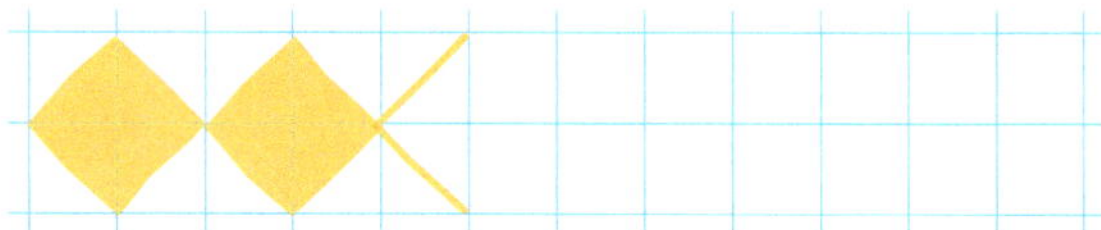

3

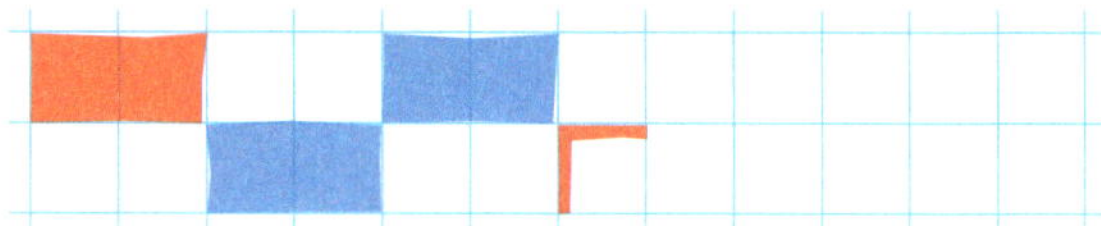

4 Finde und zeichne Ornamente.

1 Anhand der Fotos über die Nutzung von Ornamenten zur Verschönerung von Gebäuden sprechen. **2, 3** Die Motive von **2** in den obigen Fotos identifizieren. Grundformen benennen (Dreieck, Karo, Quadrat, Rechteck). Stilisiert nachgezeichnete Ornamente fortsetzen. **4** Weitere Ornamente im Mosaik identifizieren und nachzeichnen oder eigene Ornamente zeichnen.

5 Beschreibe.

Fachwerkhaus in Hannover

Kirche Maria Novella in Italien

Zeichne nach und setze fort.

6

7

8 Finde Ornamente an Gebäuden. Zeichne sie nach.

5 Anhand der Fotos über die Nutzung von Ornamenten zur Verschönerung von Gebäuden sprechen. **6, 7** Die Motive von **6** in obigen Fotos identifizieren. Grundformen benennen (Quadrat mit Diagonalen, Dreieck mit Mittellinie). Stilisiert nachgezeichnete Ornamente fortsetzen. **8** Kinder anregen, in ihrer Umgebung nach Ornamenten zu suchen.

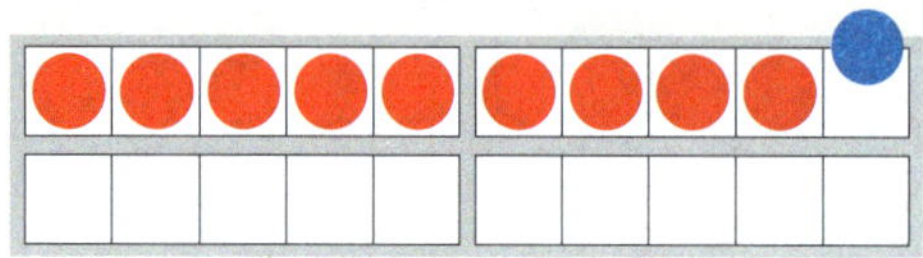

9 + 1 = 10 .... 10 – 1 = 9

1

2 + 1 = ... 3 – 1 = ...

2

....

3

....

4

....

Zu den Bildern erzählen, jeweils eine passende Plus- und Minusaufgabe legen und rechnen. Kinder zu eigenen Rechengeschichten anregen. → Arbeitsheft, Seite 43

5

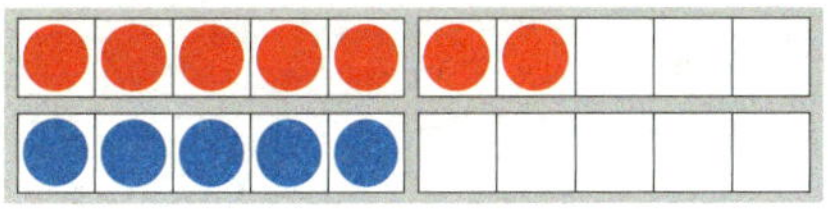
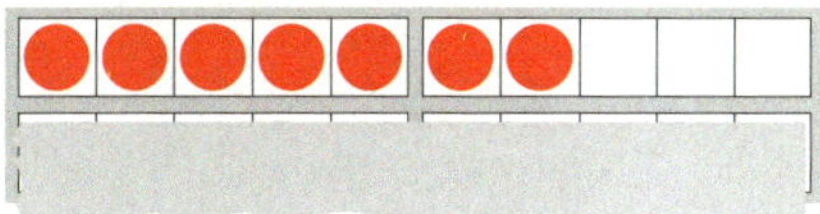
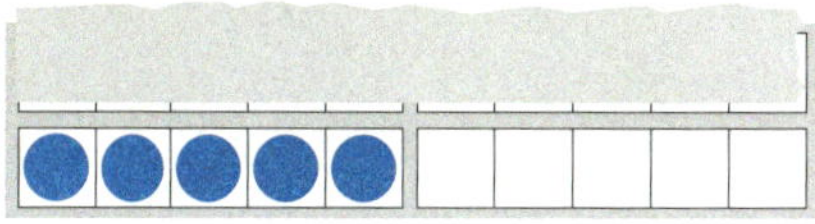

7 + 5 = 12
5 + 7 = 12

12 – 5 = ...

12 – 7 = ...

6 Immer 2 Plusaufgaben und 2 Minusaufgaben (Umkehraufgaben).

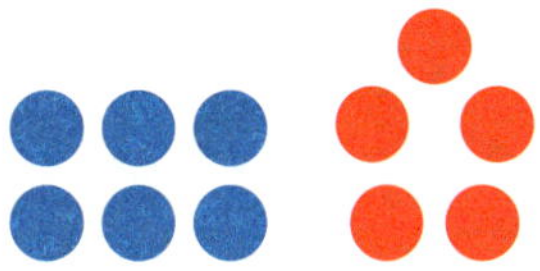

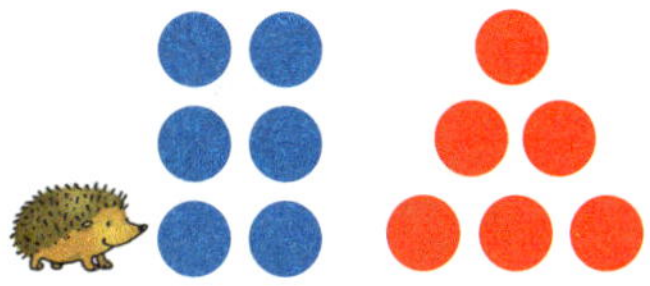

5 + 4 =	6 + 5 =	+ =	+ =
4 + 5 =	+ =	+ =	+ =
9 – 5 =	11 – =	– =	– =
9 – 4 =	– =	– =	– =

7 Von Plusaufgaben zu Minusaufgaben.

5 + 8 = 13	7 + 7 = 14	9 + 4 = 13	6 + 8 = 14
13 – 8 = ...	14 – 7 = ...	13 – 4 = ...	14 – 8 = ...
13 – 5 = ...		13 – 9 = ...	14 – 6 = ...

8 Rechne zu den Plusaufgaben auch eine Minusaufgabe.

8 + 1

8 + 1 = 9
9 – 8 =

6 + 1	4 + 4	4 + 5	5 + 9
7 + 1	6 + 6	3 + 5	5 + 8
9 + 1	8 + 8	2 + 5	5 + 7
5 + 1	9 + 9	1 + 5	5 + 6
4 + 1	7 + 7	0 + 5	5 + 5

■ **5** Beziehungen zwischen Aufgabe, Tauschaufgabe und Umkehraufgaben besprechen. Dabei Begriff „Umkehraufgabe" einführen. **6** Aufgabe und Umkehraufgaben rechnen. **7** Plusaufgaben zur Lösung von Minusaufgaben nutzen. Kindern die Ökonomie dieses Vorgehens bewusst machen. → Arbeitsheft, Seiten 43, 44

1

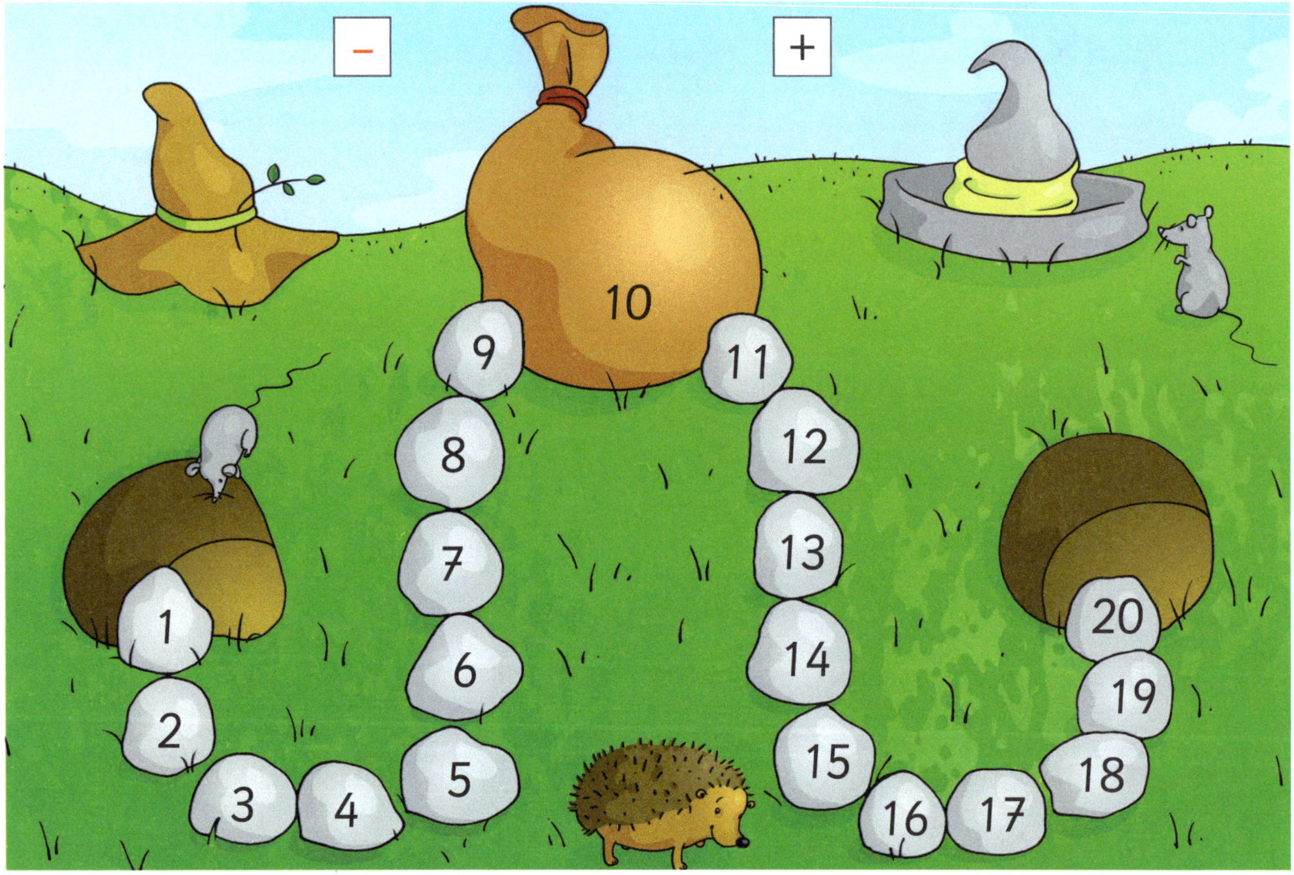

Spielt Räuber und Goldschatz. Schreibt die ersten 10 Aufgaben auf.

2

10 + 4 = ...	8 − 4 = ...
14 − 5 = ...	4 + 2 = ...
+ 2 = ...	− 4 = ...
11 − 6 = ...	+ 3 = ...
5 + 3 = ...	5 − 5 = ...

3

10 + 2 = ...	12 − 1 = ...
− 6 = ...	+ 5 = ...
+ 4 = ...	− 2 = ...
− 2 = ...	+ 6 = ...
+ 4 = ...	

4 Aufgabe und Umkehraufgabe.

9 + 7 = 16	6 + 5 = ...	11 + 7 = ...	9 + 5 = ...	6 + 7 = ...
16 − 7 = ...	...... − 5 = ...	...... − 7 = ...	...... − 5 = ...	...... − 7 = ...
8 − 6 = ...	15 − 8 = ...	12 − 8 = ...	13 − 7 = ...	12 − 5 = ...
2 + 6 = ...	...... + 8 = ...	4 + 8 = ...	...... + 7 = ...	...... + 5 = ...

5 Rechnen ohne zu rechnen?

8 + 5 − 5	9 + 3 − 3	9 + 4 − 3	9 − 4 + 3	11 − 5 + 6
8 − 5 + 5	9 − 3 + 3	9 − 3 + 4	9 + 3 − 4	11 + 6 − 5

■ **1** „Räuber und Goldschatz" spielen, Rechnungen im Heft notieren. **2, 3** Aufgaben zu „Räuber und Goldschatz" nachrechnen, Spielzüge nachvollziehen und beschreiben. **4, 5** Rechenvorteile besprechen. An die Aufgaben mit Tauben (Seite 38) erinnern. → Arbeitsheft, Seite 44

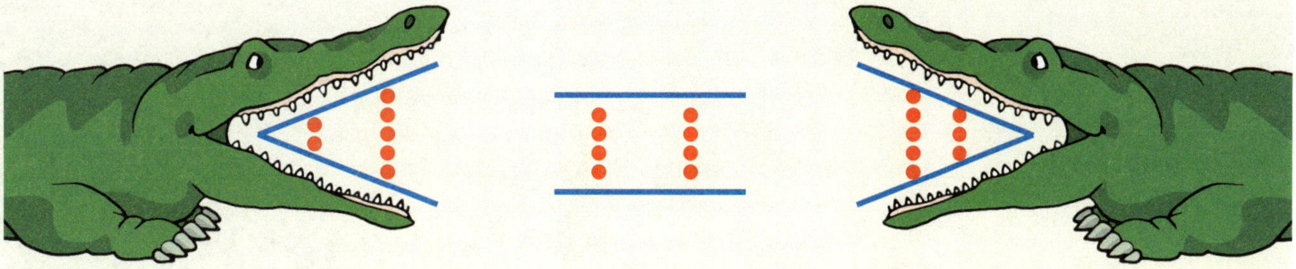

2 < 5
2 ist kleiner als 5

4 = 4
4 ist gleich 4

5 > 3
5 ist größer als 3

1

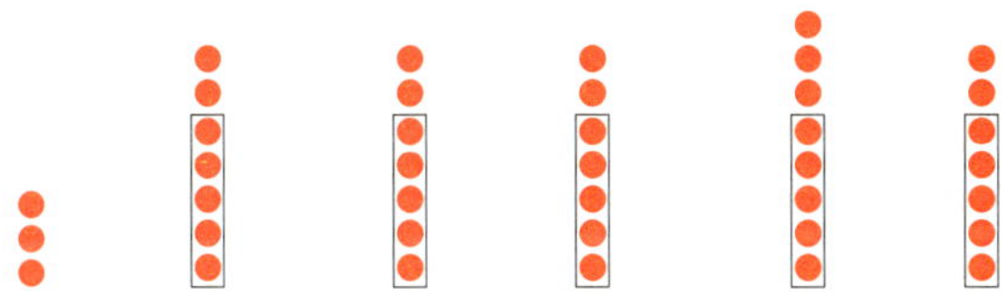

3 < 7 .... ○ .... ○

2

.... ○ .... ○ .... ○

3

5 ○ 4 4 ○ 10 10 ○ 3
5 ○ 10 8 ○ 10 10 ○ 10

4

15 ○ 16 10 ○ 15 2 ○ 20
15 ○ 15 18 ○ 15 12 ○ 20

5 Vergleiche an der Zwanzigerreihe.

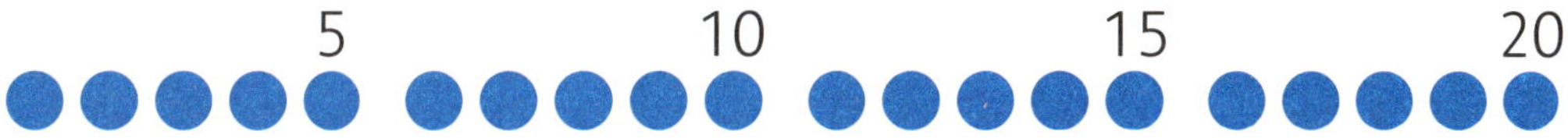

5 ○ 8 10 ○ 8 10 ○ 13 15 ○ 13 17 ○ 15 17 ○ 20

Blitzrechnen: Kraft der Fünf

Zahl mit Stift zeigen.

Plus- und Minusaufgabe rechnen.

■ Relationszeichen < und > sowie Sprechweisen einführen. **1–5** Zahlen vergleichen; < oder = oder > eintragen.
→ Arbeitsheft, Seiten 45, 46 ⚡ Zur Grundlegung und zum weiteren regelmäßigen Üben Seite 134 f. oder aufgeklappte Umschlagseite im Arbeitsheft benutzen. → Verstehen und Trainieren 1, Seiten 27, 28

1 Wie wird an einem Rechendreieck gerechnet? Erkläre.

Rechne, vergleiche, beschreibe.

2

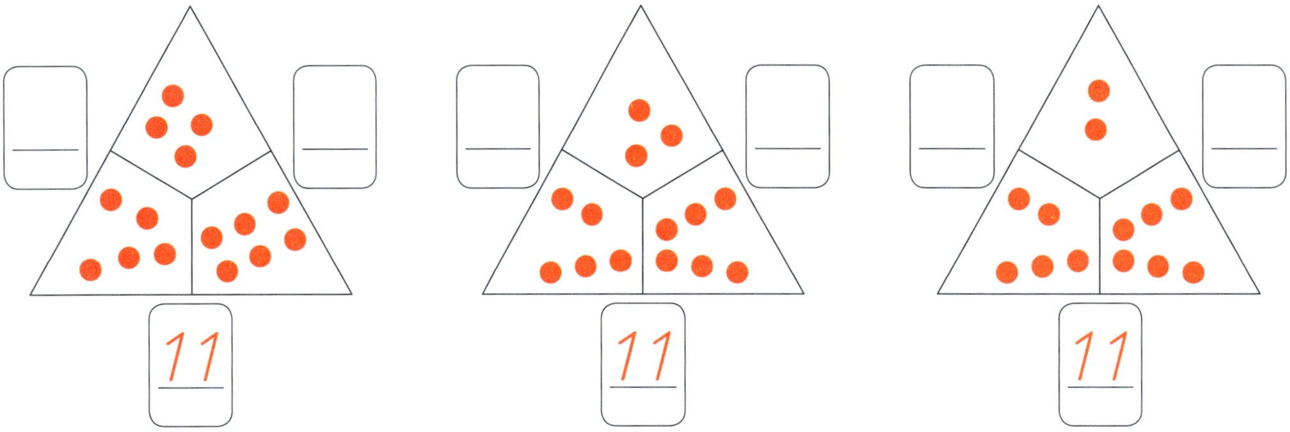

3

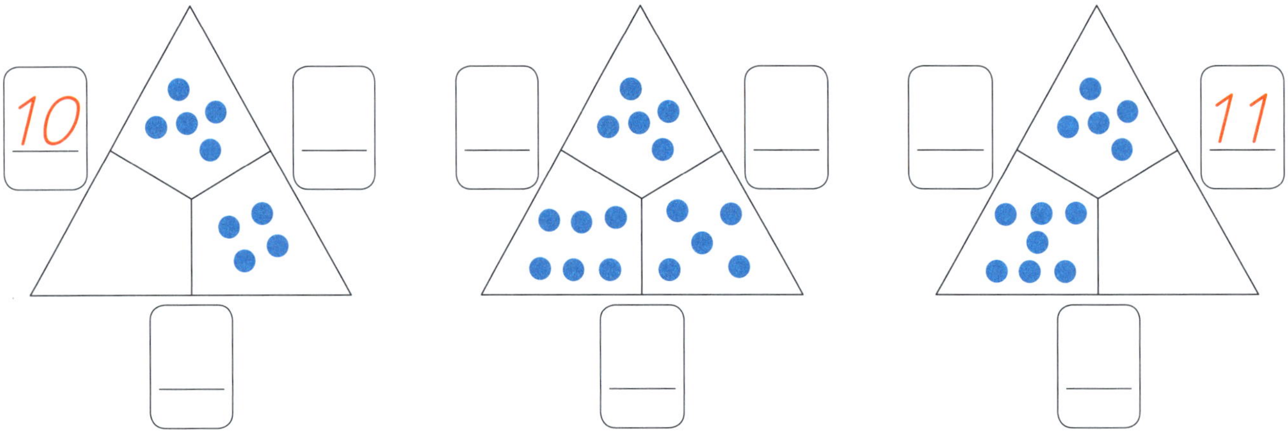

4 Setze die Muster von **2** und **3** fort.

5 Finde eigene Rechendreiecke. Rechne sie aus.

1 Struktur von Rechendreiecken erklären (Zahlen innen links, innen rechts, innen oben, außen links, außen rechts, außen unten), einige Aufgaben gemeinsam lösen. Regel: Summe benachbarter innerer Zahlen außen notieren. **2, 3** Fehlende Zahlen berechnen, dabei großes Rechendreieck (KV) und Plättchen nutzen. **4** Muster von Aufgaben und Ergebnissen in **2** und **3** beschreiben und fortsetzen. **5** Evtl. KV (kleine Rechendreiecke) anbieten.

Rechne, vergleiche, beschreibe.

6

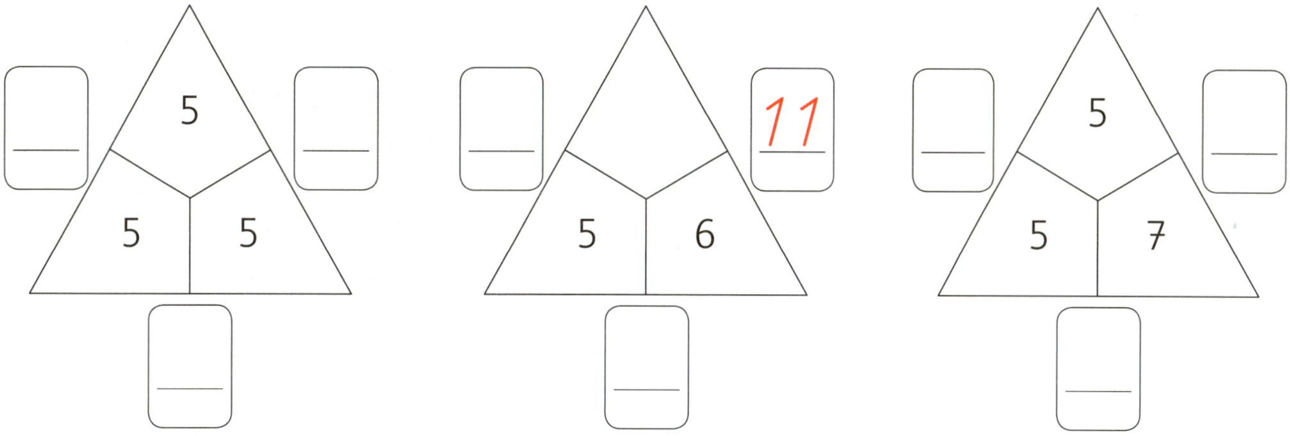

7

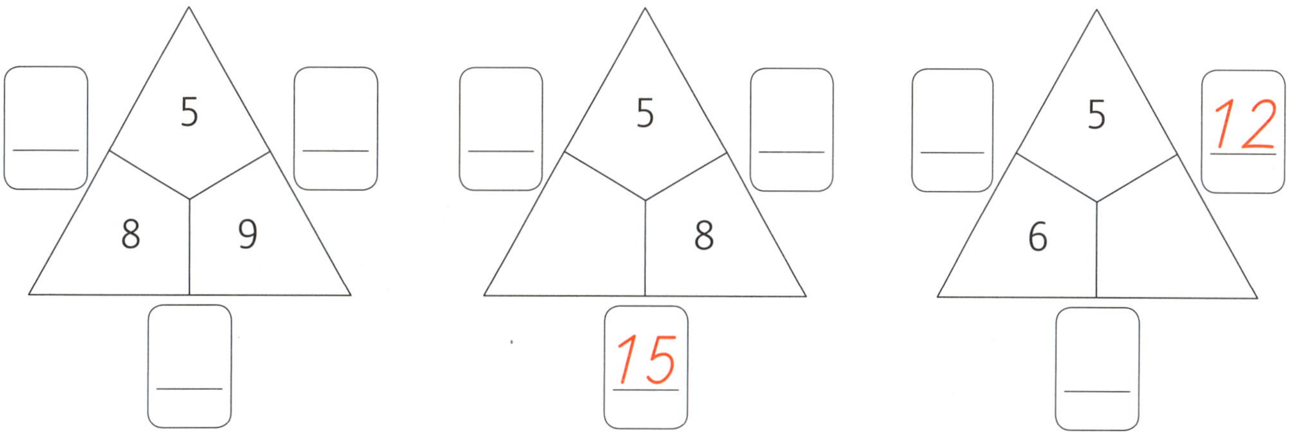

8

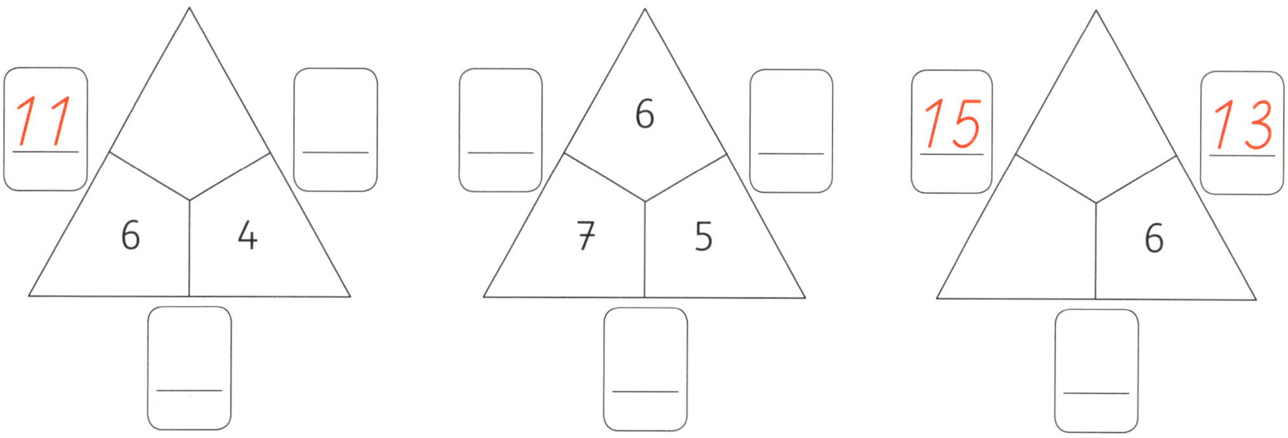

9 Setze die Muster von **6** bis **8** fort.

10 Erfinde eigene Muster mit Rechendreiecken.

■ **6–8** Rechendreiecke vervollständigen und Zahlen in benachbarten Dreiecken vergleichen. **9, 10** KV (kleine Rechendreiecke) verwenden. → Arbeitsheft, Seite 47 → Probieren und Kombinieren 1, Seiten 6–9

1

Finde die Aufgaben im Bild.

6 + 6 = ...	4 + 2 = ...	3 + 5 = ...	12 – 2 = ...	4 + 4 = ...
3 + 3 = ...	5 – 1 = ...	9 – 2 = ...	10 – 2 = ...	3 + 1 + 1 = ...

Findest du noch weitere Aufgaben?

2 Die Kirschtorte hat 12 Stücke. 5 Stücke werden verkauft. ?

3 Erfinde selbst Geschichten zur Aufgabe 12 – 5.

1 Zu vorgegebenen Aufgaben die passende Situation im Bild finden, beschreiben, Aufgaben rechnen.
2 Aufgabe mündlich lösen. **3** Zur Aufgabe passende Sachsituationen erfinden. → Arbeitsheft, Seiten 48, 49

4

Luka: 6 + 4 = ...

Mai: 6 + 5 = ...

Ali: 6 + 4 + 1 = ...

Jana: 6 > 4

5

....

6

....

7

....

■ **4–7** Zu Rechengeschichten verschiedene Fragen und Antworten finden. Passende Rechnungen aufschreiben.
→ Arbeitsheft, Seiten 48, 49

Eine  und ein . Alle Kinder wollen spielen.
Lege für die Kinder Plättchen und schiebe.

1 An der  spielen 3 Kinder.

2 Am  spielen 6 Kinder.

3 Am  und an der  spielen gleich viele Kinder.

4 An der  spielen mehr Kinder als am .

5 Aus  mache 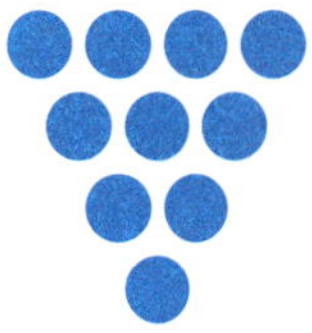 Schaffst du es, nur 3 Plättchen zu bewegen?

■ **1–4** Für die Kinder werden stellvertretend Plättchen gelegt und den Aufgaben entsprechend zur Rutsche oder zum Kletterturm geschoben. **5** Denkspiel „Spitze nach unten“: Mit Münzen oder Plättchen nachlegen und probieren.

1 Wie viele Beine haben 6 Gänse?

Julia: 

Eric: 6 + 6 =

Linda: 2 + 2 + 2 + 2 + 2 + 2 =

2 Wie viele Beine haben 4 Hasen?

3 Wie viele Beine haben 2 Gänse
und 2 Hasen zusammen?

4 Wie alt ist Sara, wenn Noah 10 Jahre alt ist?

Noah
6 Jahre

Sara
3 Jahre

Manuel:

6 + 4 = 10

3 + 4 = 7

Sara ist dann 7 Jahre alt.

Elena:

Noah	6	7	8	9	10
Sara	3	4	5	6	7

Sara ist 7 Jahre alt, wenn Noah 10 Jahre alt ist.

5 Anna ist 6 Jahre alt.
Sie bekommt einen Bruder. Er heißt Oskar.
Wie alt ist Anna, wenn Oskar 6 Jahre alt ist?

■ **1–5** Sachsituationen zunächst ohne Buch lösen. Anschließend Lösung im Buch nachvollziehen, besprechen und vergleichen. Zeichnungen und Tabellen als Lösungshilfe bewusst machen.

Lisa hat 7 Muscheln.
Max hat 3 Muscheln.
Hamit hat 6 Muscheln.

Erkläre:
Lisa hat 4 Muscheln **mehr als** Max.
Max hat 4 Muscheln **weniger als** Lisa.
Hamit hat **doppelt so viele** wie Max.
Max hat **halb so viele** wie Hamit.

Zusammen haben sie 16 Muscheln.

1 Maja hat 8 Luftballons.

Sie hat 3 **mehr als** Tim.
Wie viele Luftballons hat Tim?

2 Alina hat 6 Luftballons.

Ole hat 4 **weniger** als Alina.
Wie viele Luftballons hat Ole?

3 Fatma hat 4 Murmeln.

Emil hat **doppelt so viele**.
Wie viele Murmeln hat Emil?

4 Sarah hat 16 Murmeln.

Boris hat **halb so viele**.
Wie viele Murmeln hat Boris?

5 Leni hatte einige Kastanien.
Sie hat 4 verloren.
Jetzt hat sie noch 9.

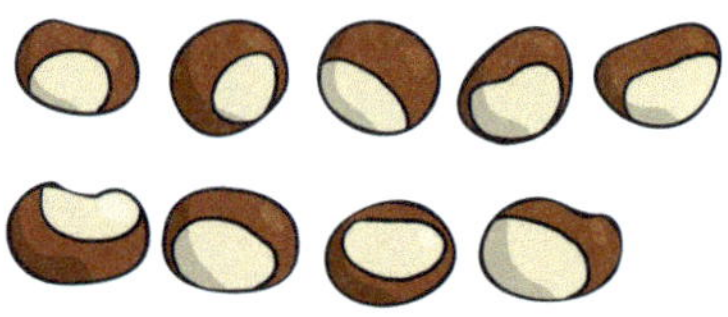

Wie viele hatte sie am Anfang?

6 Marco hatte einige Kastanien.
Er bekam von Ebru noch 3 dazu.
Jetzt hat er 12.

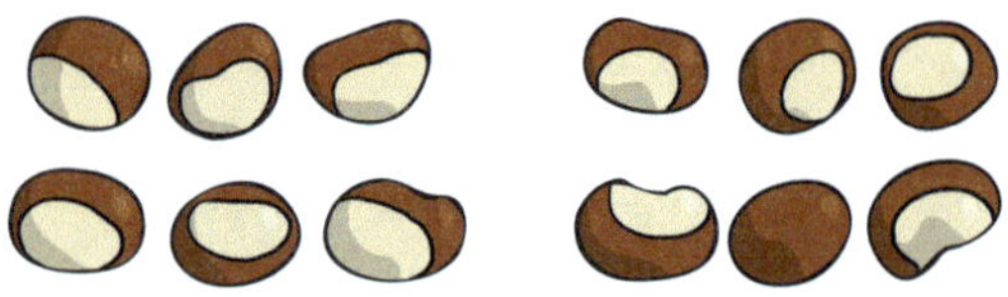

Wie viele hatte er am Anfang?

■ Am Beispiel die hervorgehobenen Begriffe erklären. **1–6** Sachaufgaben gemeinsam lesen und besprechen. Sachsituationen mit Plättchen nachlegen und handelnd lösen. Hervorgehobene Begriffe nochmals erklären. Ähnliche Aufgaben zu Beginn der folgenden Stunden stellen.

7 Marta hat 8 Euro.

Oma gibt ihr noch einige Euro dazu.
Jetzt hat Marta 14 Euro.
Wie viel Euro hat Oma ihr gegeben?

8 Anton und Kim haben zusammen 20 Euro.

Anton gehören davon 12 Euro.
Wie viel Euro gehören Kim?

9 9 Frösche sitzen am Teich.

3 Frösche hüpfen weg.
Wie viele Frösche sind noch da?

10 12 Frösche sitzen am Teich.

Zuerst hüpfen 2 Frösche weg.
Dann hüpfen noch 3 weg.
Wie viele Frösche sind noch da?

11 20 Milchzähne.

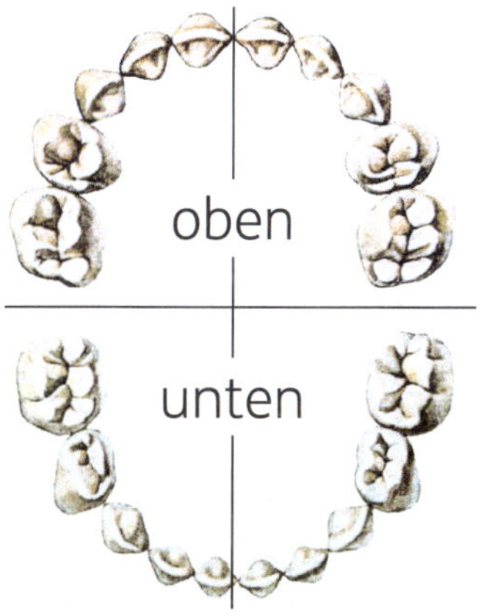

Daniel hat noch 11 Milchzähne.
Wie viele Zähne hat er verloren?

12 20 Milchzähne.

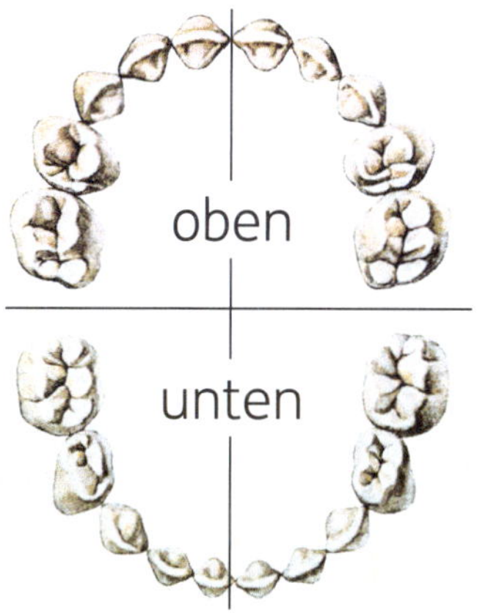

Nele hat 4 Zähne oben und 2 Zähne unten verloren.
Wie viele Zähne hat sie noch?

■ **7–12** Sachaufgaben gemeinsam lesen und besprechen, Sachsituationen mit Plättchen nachspielen. Danach überlegen und rechnen. → Arbeitsheft, Seite 50 Grundlegung des Abschnitts „Einfache Textaufgaben“ → Sachrechnen im Kopf, Basiskurs Größen

1 Freihandknoten

Mit dem Freihandknoten kannst du zwei Schnurenden zusammenbinden.

1. 2. 3.

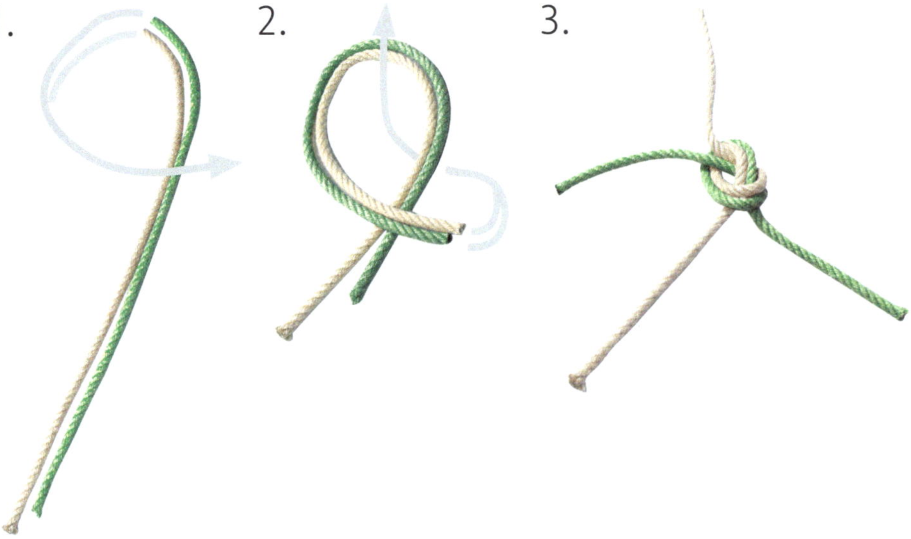

2 Schlaufenknoten

Der Schlaufenknoten wird auch beim Angeln verwendet.

1. 2. 3.

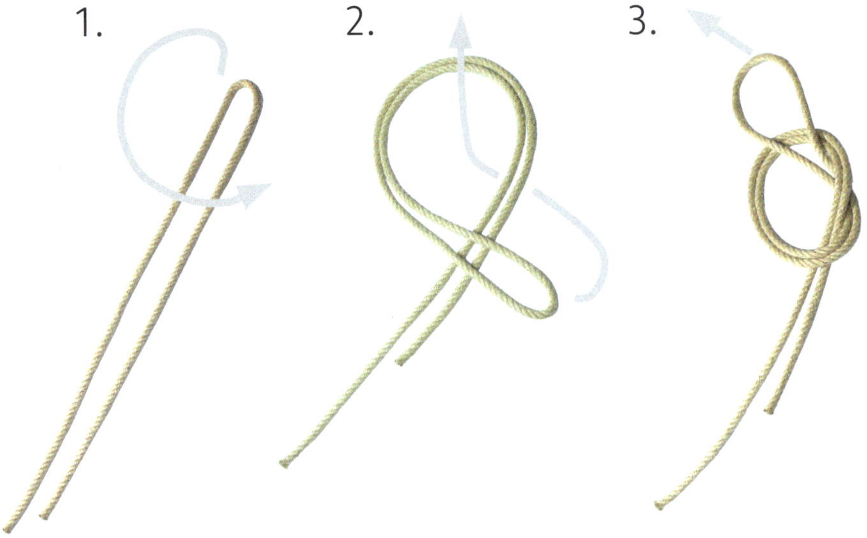

3 Schuhschleife

1. 2. 3. 4. 5.

■ **1–3** Knoten und Schuhschleife üben. Lage der Schnüre räumlich erfassen und beschreiben.

1 Wie heiße ich?

Ich habe lange blonde Haare. ....

Ich bin ein Junge und trage eine Brille. ....

Ich sitze **zwischen** Leni und Emelie. ....

Ich sitze **neben** Jonas und habe kurze Haare. ....

Ich sitze **gegenüber** von Arian und lache. ....

Mein Vorname fängt mit A an. ....

Ich sitze **rechts** von Paula. ....

Ich sitze **links** von Arian. ....

Ich sitze **neben** dem Kind,
das **gegenüber** von Ling sitzt. ....

Mithilfe der Umrisszeichnung (Plan) herausfinden, wie die Kinder auf dem Bild heißen, entsprechend anmalen.
1 Nach den Beschreibungen die Kinder herausfinden.

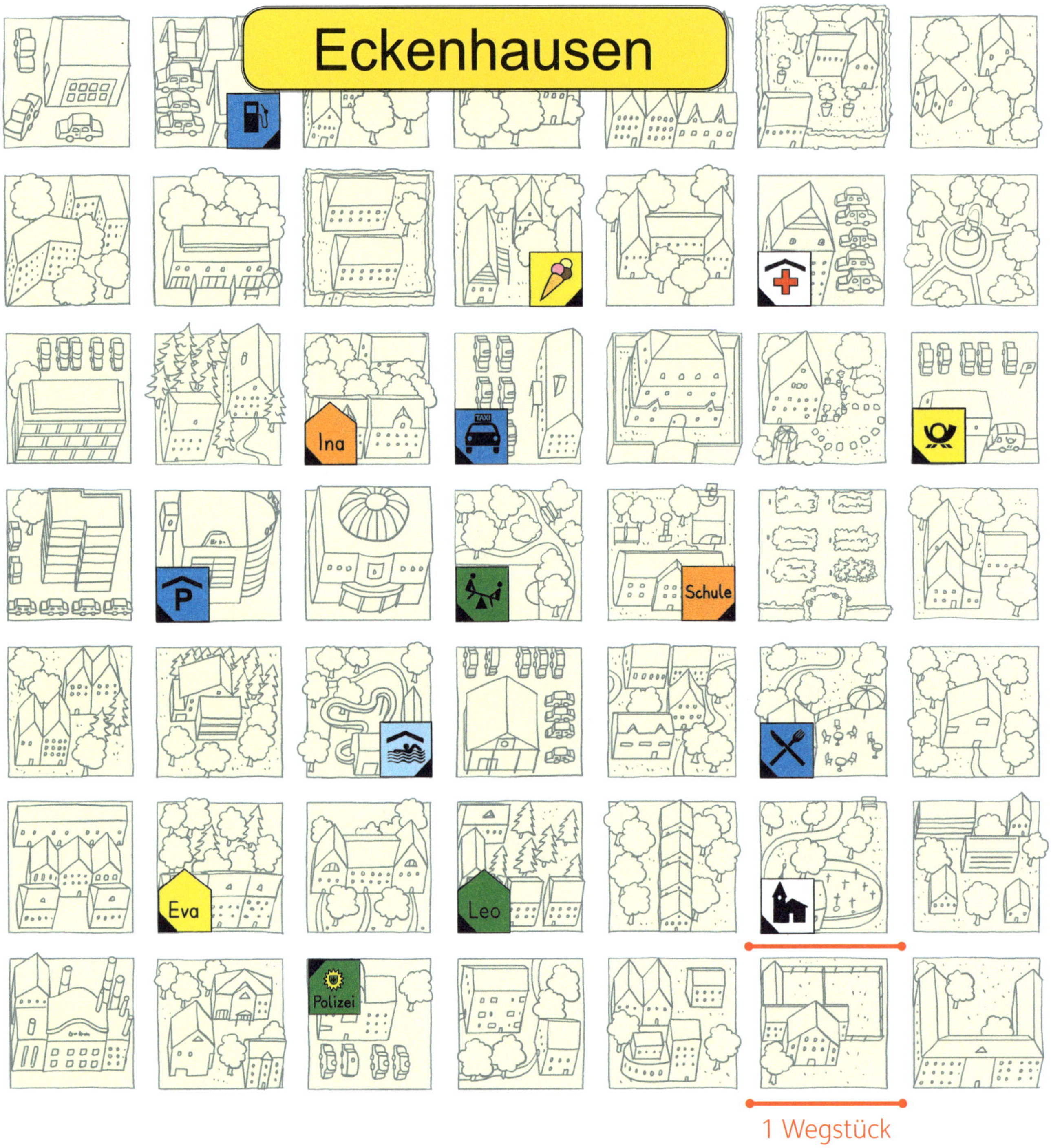

1 Erkunde Eckenhausen.

2 Von einer Kreuzung zur nächsten ist es immer das gleiche Wegstück.
Eva muss zu Ina 4 Wegstücke gehen. Prüfe nach.

3 Wie viele Wegstücke?

Leo geht zu Eva.   Leo geht zu Ina.

1 Eckenhausen erkunden. Gebäude, Straßen, Kreuzungen beschreiben. Wege am Plan handelnd erforschen.
2 Weglängen werden immer von Kreuzung zu Kreuzung gerechnet. Längeneinheit: 1 Wegstück. Die kleinen schwarzen Dreiecke an den Gebäuden markieren die zugehörige Kreuzung. **3** Verschiedene kürzeste Wege von einer Kreuzung zu einer anderen finden (Kombinatorik). Die für alle gleiche Weglänge bezogen auf Einheit bestimmen.

4 Wie viele Wegstücke?

Eva zur Schule. Ina zur Schule. Leo zur Schule.

Eva zur . Ina zur . Leo zur .

5 Das Taxi fährt in Eckenhausen keine Umwegen.

Vom TAXI-Stand zur : ..3.. Wegstücke

Vom TAXI-Stand zum : .... Wegstücke

Vom TAXI-Stand zu Eva: .... Wegstücke

Forschen und Finden

6 Das Taxi fährt immer 3 Wegstücke. Wo kann es hinkommen?
Zeichne die Ziele rot ein. Was fällt dir auf?

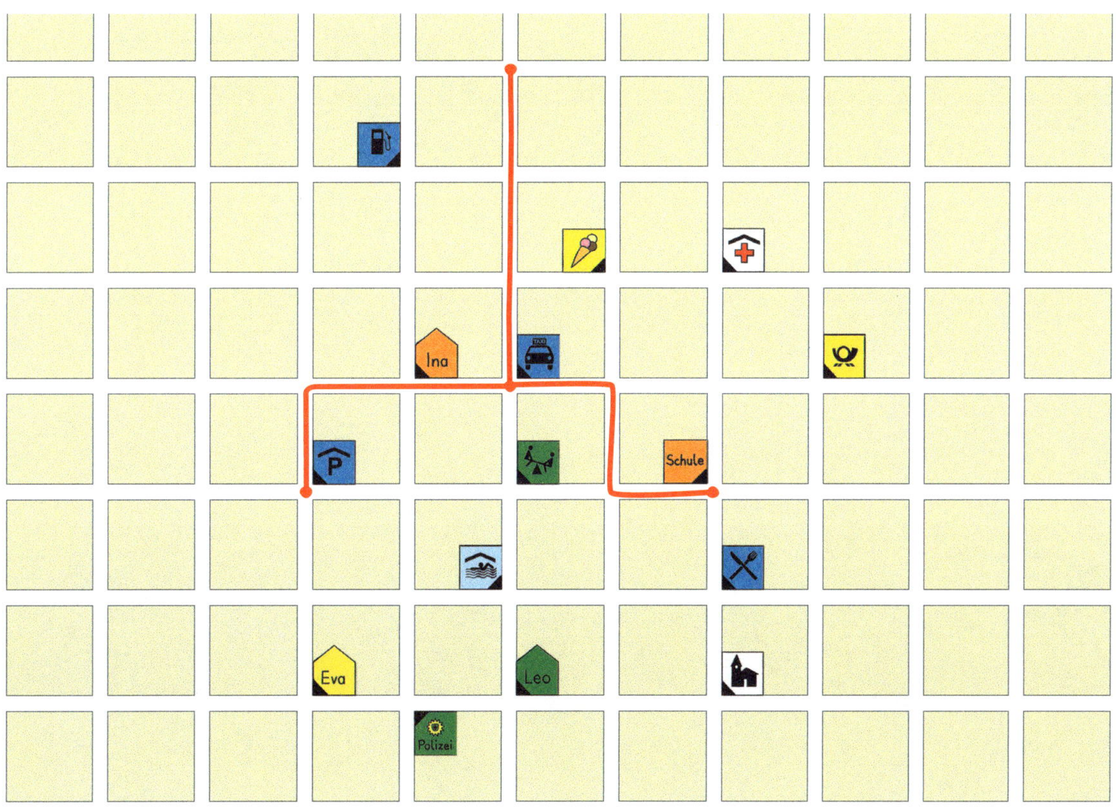

■ ■ **4, 5** Verschiedene kürzeste Wege von einer Kreuzung zu einer anderen finden (Kombinatorik). Die für alle gleiche Weglänge bezogen auf Einheit bestimmen. **6** Die Taxiwege mit Buntstift nachfahren, die Endpunkte rot markieren. Das Muster der Endpunkte beschreiben.

Einspluseins-Tafel

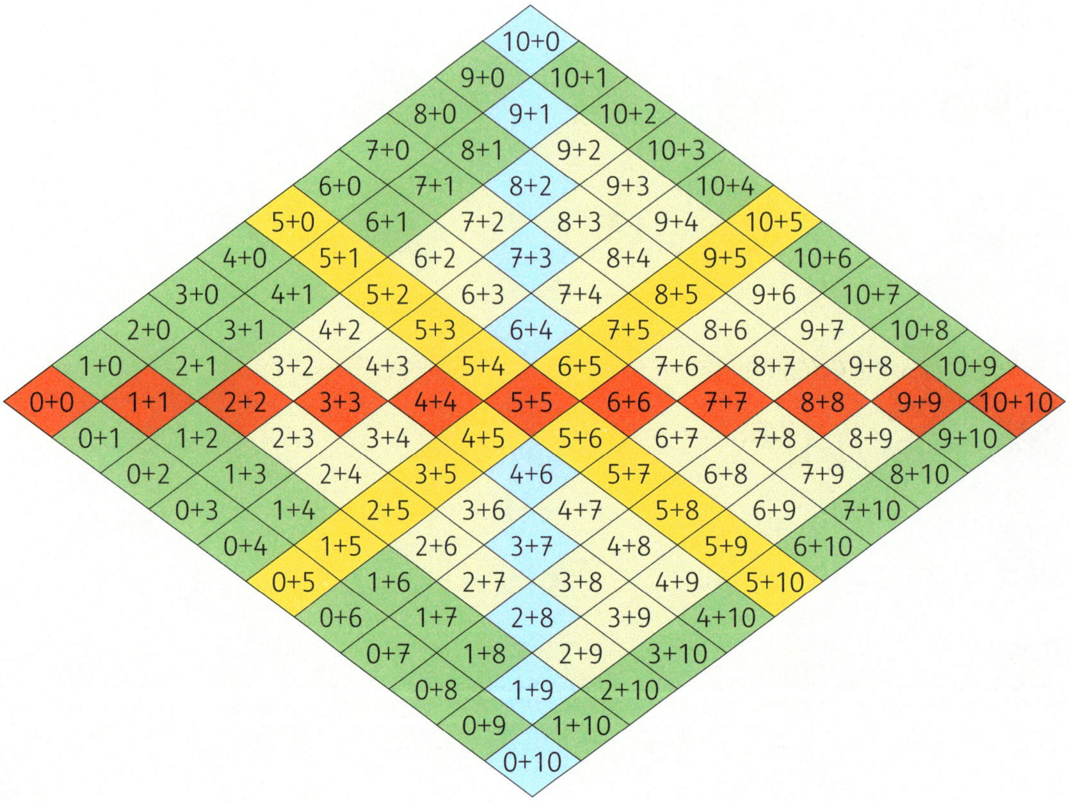

1 Verdoppeln

0 + 0 = ...
1 + 1 = ...
2 + 2 = ...
3 + 3 = ...
4 + 4 = ...
5 + 5 = ...

6 + 6 = ...
7 + 7 = ...
8 + 8 = ...
9 + 9 = ...
10 + 10 = ...

2 Ergänzen zu 10

10 + 0 = ...
9 + 1 = ...
8 + 2 = ...
7 + 3 = ...
6 + 4 = ...

4 + 6 = ...
3 + 7 = ...
2 + 8 = ...
1 + 9 = ...
0 + 10 = ...

3 Aufgaben mit 5

5 + 0 = ...
5 + 1 = ...
5 + 2 = ...
5 + 3 = ...
5 + 4 = ...

4 + 5 = ...
3 + 5 = ...
2 + 5 = ...
1 + 5 = ...
0 + 5 = ...

5 + 6 = ...
5 + 7 = ...
5 + 8 = ...
5 + 9 = ...
5 + 10 = ...

6 + 5 = ...
7 + 5 = ...
8 + 5 = ...
9 + 5 = ...
10 + 5 = ...

4 Die Päckchen in **1**, **2** und **3** sind schön. Warum? Begründe.

Erste Orientierung auf der Einspluseins-Tafel. Aufgaben rechnen und auf der Tafel zeigen.
1 Verdopplungsaufgaben. **2** Ergänzen bis 10. **3** Aufgaben mit Summand 5. **4** Regelmäßigen Aufbau der Päckchen beschreiben und begründen.

5 Lege und rechne die Nachbaraufgaben von 7 + 7.

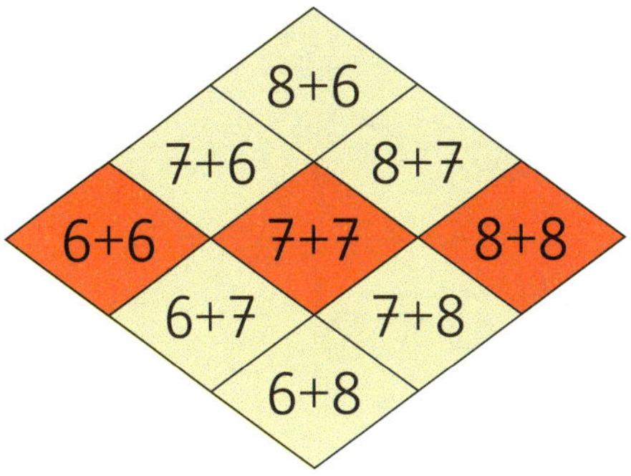

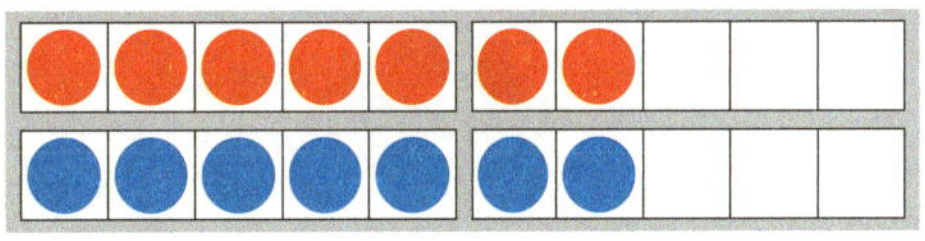

Aus 7 + 7 = ... mache

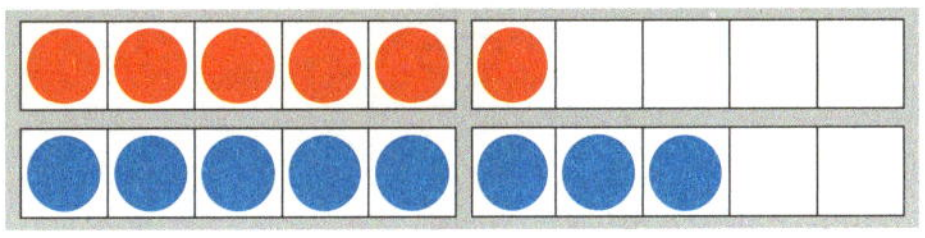

6 + 8 = ...
8 + 6 = ...

Aus 7 + 7 = ... mache

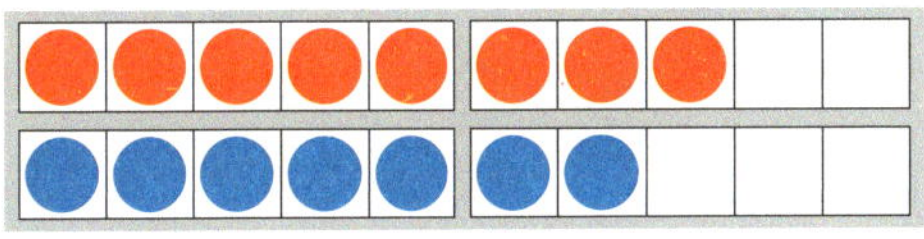

8 + 7 = ...
7 + 8 = ...

Aus 7 + 7 = ... mache

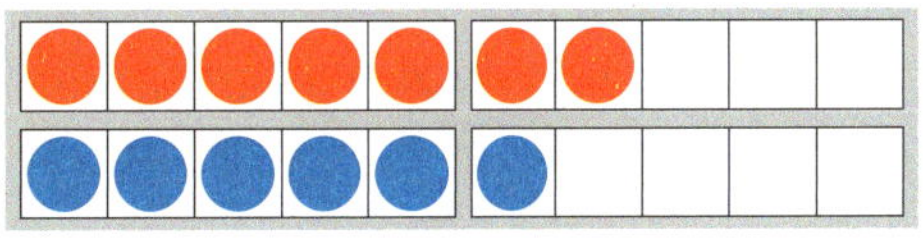

7 + 6 = ...
6 + 7 = ...

Aus 7 + 7 = ... mache

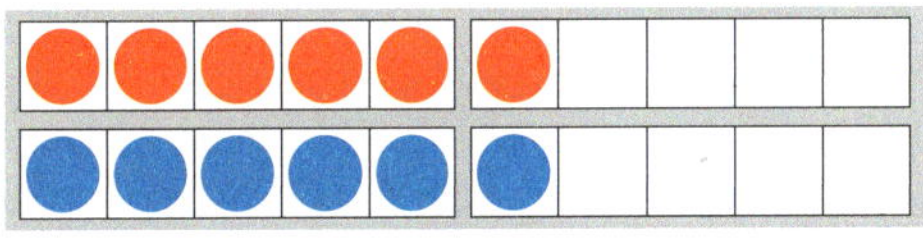

6 + 6 = ...

Aus 7 + 7 = ... mache

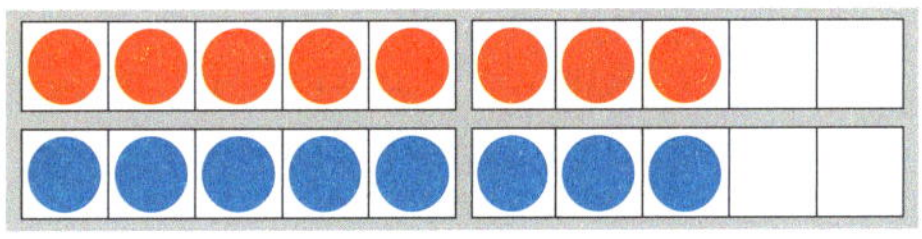

8 + 8 = ...

6 Lege und rechne die Nachbaraufgaben von 9 + 7.

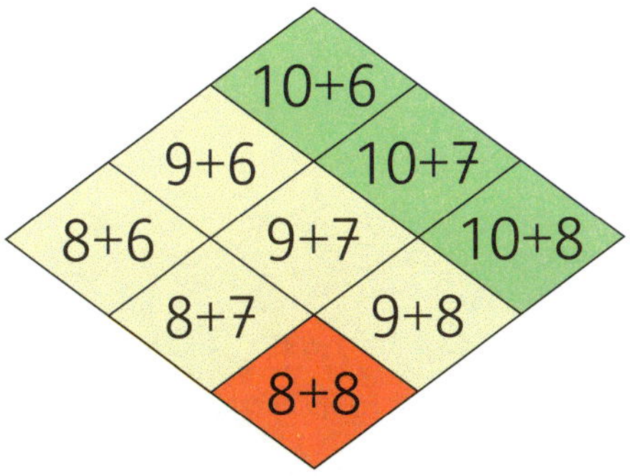

10 + 7 = ...
9 + 7 = ...
8 + 7 = ...

10 + 6 = ...
9 + 7 = ...
8 + 8 = ...

8 + 6 = ...
9 + 7 = ...
10 + 8 = ...

9 + 6 = ...
9 + 7 = ...
9 + 8 = ...

Welche Aufgaben sind für dich einfach? Kreuze an.

5 Alle Nachbaraufgaben von 7 + 7 ausgehend am Zwanzigerfeld legen, an Einspluseins-Tafel zeigen und rechnen.
6 Am Beispiel 9 + 7 auf Nutzung einfacher Nachbaraufgaben hinweisen. Ökonomie dieses Vorgehens bewusst machen.
→ Arbeitsheft, Seite 52 → Verstehen und Trainieren 1, Seiten 21, 22

1 Lege die Aufgaben und rechne.

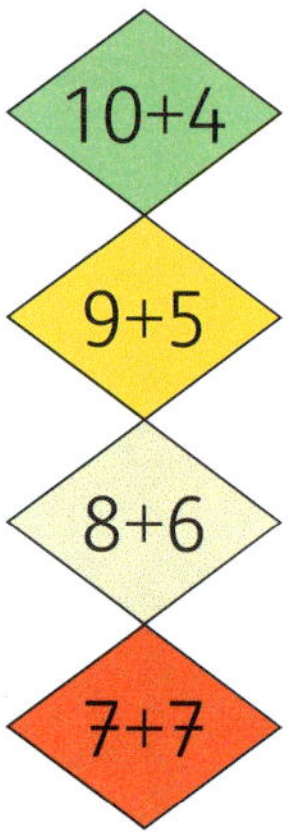

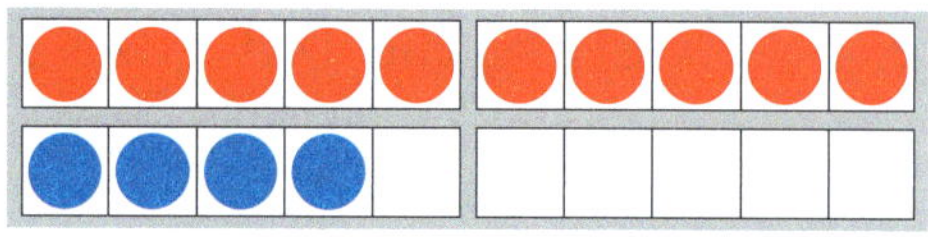

Aus 10 + 4 = ... mache

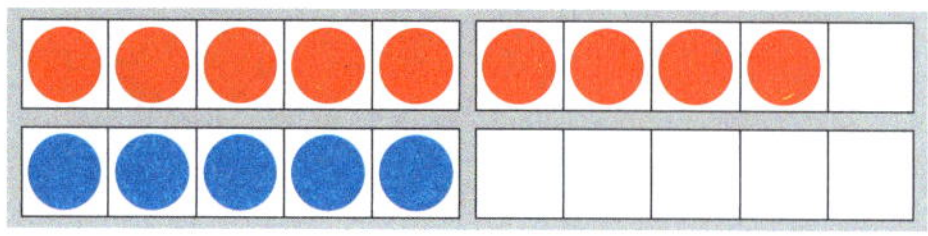

9 + 5 = ...
8 + 6 = ...
7 + 7 = ...

2 Lege, rechne und setze fort.

9 + 5 = ...	6 + 2 = ...	10 + 7 = ...	7 + 0 = ...
8 + 6 = ...	5 + 3 = ...	9 + 8 = ...	6 + 1 = ...
7 + 7 = ...	4 + 4 = ...	....	....
....	....		

3 Lege und rechne.

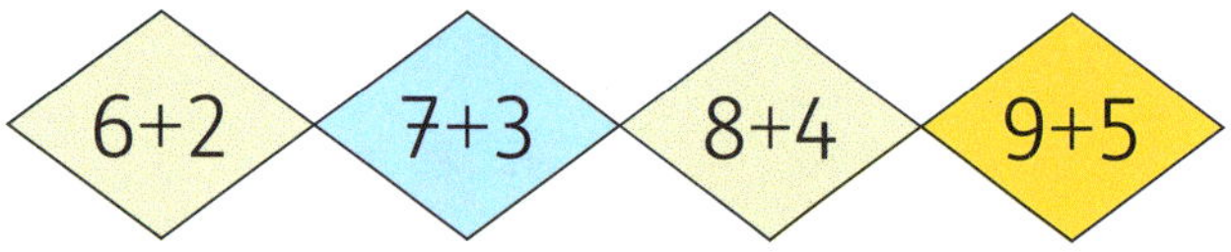

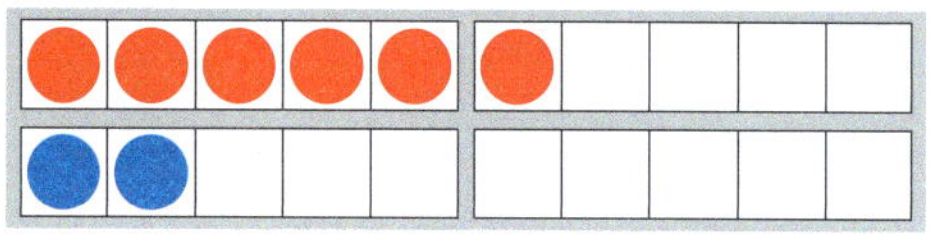

Aus 6 + 2 = ... mache

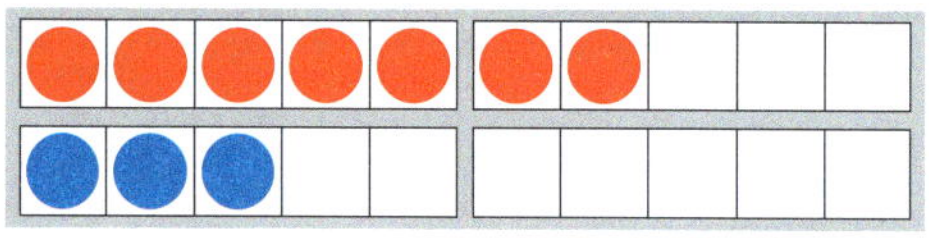

7 + 3 = ...
8 + 4 = ...
9 + 5 = ...

4 Lege, rechne und setze fort.

5 + 1 = ...	2 + 3 = ...	1 + 6 = ...	4 + 2 = ...
6 + 2 = ...	3 + 4 = ...	2 + 7 = ...	5 + 3 = ...
7 + 3 = ...	4 + 5 = ...	3 + 8 = ...	6 + 4 = ...
....	....	....	....

5 Finde selbst schöne Päckchen in der Einspluseins-Tafel.

1–4 Aufgaben am Zwanzigerfeld legen und rechnen, entsprechende Spalten und Zeilen auf Einspluseins-Tafel zeigen. Muster der Ergebnisse am Zwanzigerfeld erklären. **5** Kinder zur kreativen Erforschung der Einspluseins-Tafel anregen.
→ Arbeitsheft, Seite 53

1 Vergleiche.

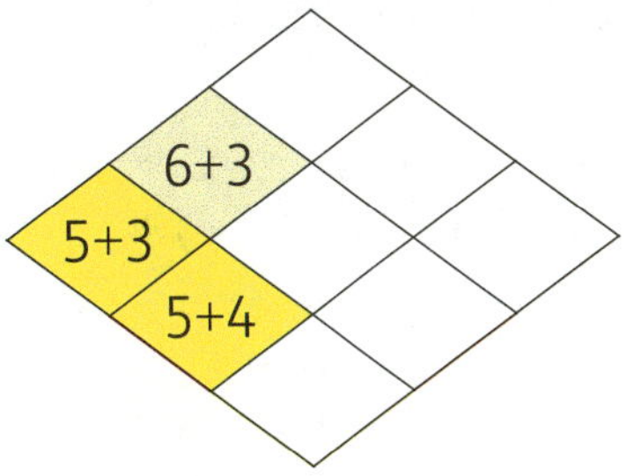

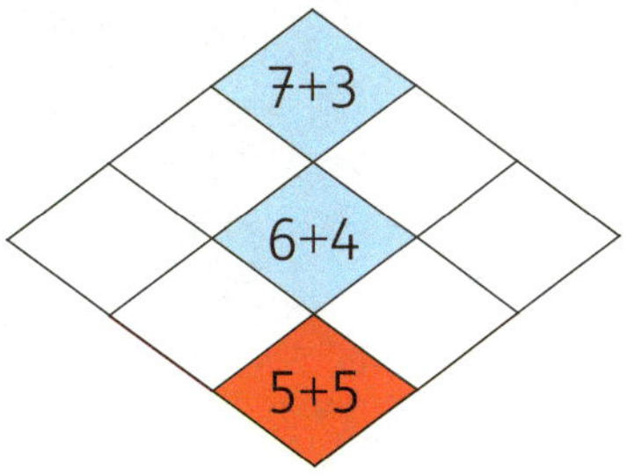

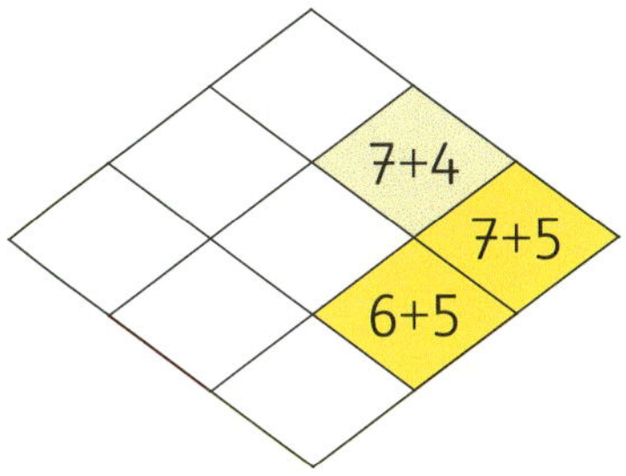

6 + 3 < 10
5 + 3 ○ 10
5 + 4 ○ 10

7 + 3 = 10
6 + 4 ○ 10
5 + 5 ○ 10

7 + 4 > 10
7 + 5 ○ 10
6 + 5 ○ 10

2

3 + 1 ○ 5
3 + 2 ○ 5
2 + 3 ○ 5
3 + 3 ○ 5
2 + 2 ○ 5

3 + 3 ○ 10
4 + 4 ○ 10
5 + 5 ○ 10
6 + 6 ○ 10
7 + 7 ○ 10

3

8 + 6 ○ 10
7 + 5 ○ 10
6 + 4 ○ 10
5 + 3 ○ 10
4 + 2 ○ 10

8 + 1 ○ 15
8 + 3 ○ 15
8 + 5 ○ 15
8 + 7 ○ 15
8 + 9 ○ 15

4

18 – 3 ○ 5
8 – 3 ○ 5
17 – 4 ○ 5
7 – 4 ○ 5
12 – 7 ○ 5

14 – 3 ○ 10
13 – 4 ○ 10
16 – 6 ○ 10
16 – 10 ○ 10
17 – 7 ○ 10

5

20 – 5 ○ 15
19 – 4 ○ 15
19 – 5 ○ 15
15 – 0 ○ 15
15 – 1 ○ 15

17 – 2 ○ 15
16 – 3 ○ 15
16 – 0 ○ 15
18 – 2 ○ 15
18 – 3 ○ 15

6

7 + 7 ○ 14
7 + 6 ○ 14
6 + 8 ○ 14

6 + 5 ○ 12
6 + 6 ○ 12
5 + 7 ○ 12

7

8 + 9 ○ 16
7 + 8 ○ 16
8 + 8 ○ 16

9 + 9 ○ 18
8 + 10 ○ 18
10 + 9 ○ 18

8 Mark hat , Eva hat .

Wer hat mehr? Wie viel mehr?

■ **1–7** Zeichen einsetzen, evtl. Einspluseins-Tafel benutzen. Kindern bewusst machen, dass man oft nicht viel zu rechnen braucht. Beispiel: Da 5 + 5 = 10 ist 7 + 7 größer als 10. **8** Aufgabe mündlich lösen. → Verstehen und Trainieren 1, Seiten 25, 26

1 Wie wird bei Zahlenmauern gerechnet? Erkläre.

Rechne, vergleiche, beschreibe.

2

[ ]	[ ]	[ ]	[ ]
7 | 3	[ ] | [ ]	[ ] | [ ]	[ ] | [ ]
5 | 2 | 1	6 | 2 | 1	7 | 2 | 1	8 | 2 | 1

3

[ ]	[ ]	[ ]	[ ]
[ ] | [ ]	[ ] | [ ]	7 | [ ]	[ ] | 6
5 | 2 | 1	5 | 2 | 2	[ ] | 2 | 3	5 | 2 | [ ]

4

[ ]	[ ]	[ ]	16
[ ] | [ ]	8 | [ ]	[ ] | 5	10 | [ ]
5 | 2 | 1	5 | [ ] | 1	5 | [ ] | 1	5 | [ ] | [ ]

5

[ ]	[ ]	[ ]	[ ]
[ ] | [ ]	[ ] | 4	9 | [ ]	10 | [ ]
5 | 2 | 1	6 | [ ] | 2	7 | [ ] | 3	[ ] | 2 | 4

6 Setze die Muster aus **2** bis **5** fort.

7 Erfinde selbst Zahlenmauern.

1 Struktur von Zahlenmauern erklären (linker/mittlerer/rechter Grundstein, linker/rechter Zwischenstein, Deckstein). Rechenregel und Aufgabentypen besprechen (fehlende Zahlen an verschiedenen Stellen). **2–5** Fehlende Zahlen berechnen. **6** Muster der Aufgaben und Ergebnisse in **2** bis **5** beschreiben und fortsetzen. Evtl. KV verwenden. **7** Kinder zur Erforschung des Übungsformates anregen. Evtl. KV verwenden.

8 Baue Mauern mit 3, 4, 5. Was fällt dir auf?

3	4	5

3	5	4

5	3	4

5	4	3

4	5	3

4	3	5

9 Finde selbst Mauern mit 2, 3, 4. Vergleiche sie.

3	2	4

	3	

	4	

4	2	3

	3	

	4	

10 Wähle 3 eigene Grundsteine. Baue damit alle 6 Mauern.

Forschen und Finden

11 Finde Zahlenmauern mit Deckstein 6.

	6	
3	3	
1	2	1

	6	

Finde möglichst viele Lösungen.

Probiere auch mit anderen Decksteinen.

8 Fehlende Zahlen berechnen. Beziehungen zwischen den Mauern erforschen und begründen. **9** Alle Mauern mit den Grundsteinen 2, 3, 4 finden. **10** Alle Mauern aus selbst gewählten Grundsteinen finden und rechnen. **11** Möglichst viele Zahlenmauern mit dem vorgegebenen Deckstein finden (KV). → Arbeitsheft, Seite 54
→ Probieren und Kombinieren 1, Seiten 15 – 17

1 Erkläre die Aufgaben an den Bildern. Rechne.

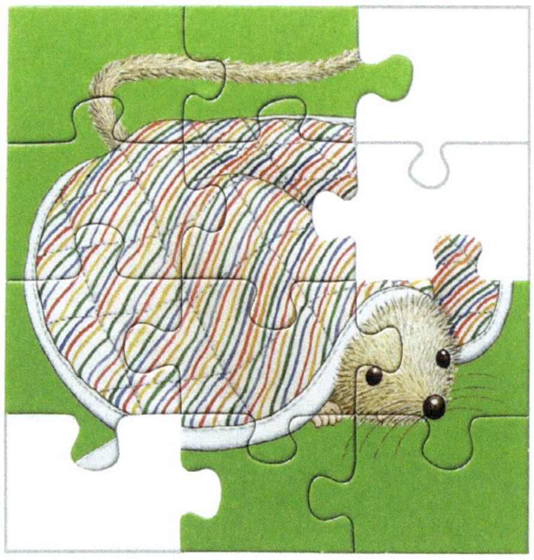

9 + ... = 12

11 + ... = 15

13 + ... = 16

2

7 + ... = 10	7 + ... = 12
6 + ... = 10	6 + ... = 12
5 + ... = 10	5 + ... = 12
3 + ... = 10	3 + ... = 12
2 + ... = 10	2 + ... = 12

3

8 + ... = 16	15 + ... = 20
8 + ... = 15	10 + ... = 20
8 + ... = 13	20 + ... = 20
8 + ... = 11	0 + ... = 20
8 + ... = 10	5 + ... = 20

4

8 + ... = 14	4 + ... = 10
9 + ... = 15	4 + ... = 11
10 + ... = 16	5 + ... = 11
11 + ... = 18	5 + ... = 12
13 + ... = 20	6 + ... = 12

5

18 + ... = 20	9 + ... = 16
8 + ... = 20	10 + ... = 16
14 + ... = 20	11 + ... = 16
4 + ... = 20	12 + ... = 17
16 + ... = 20	13 + ... = 17

6 Löse durch Ergänzen.

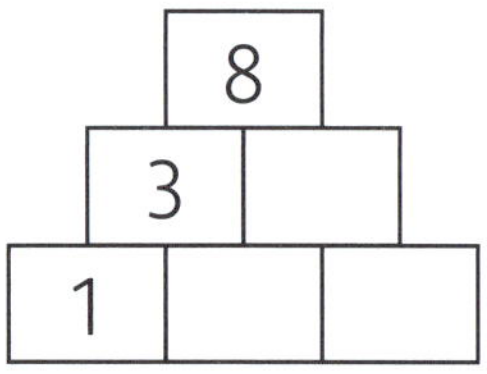

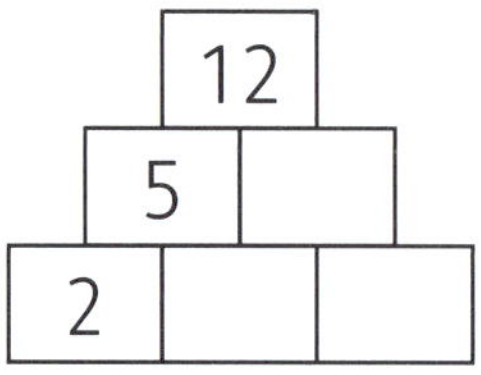

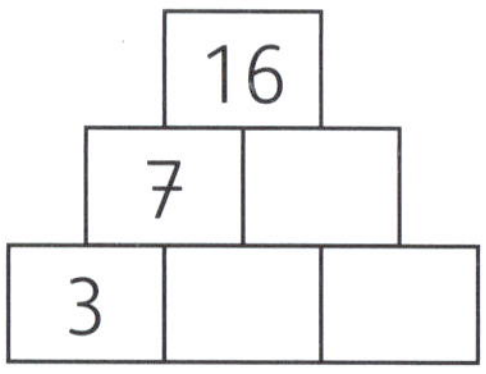

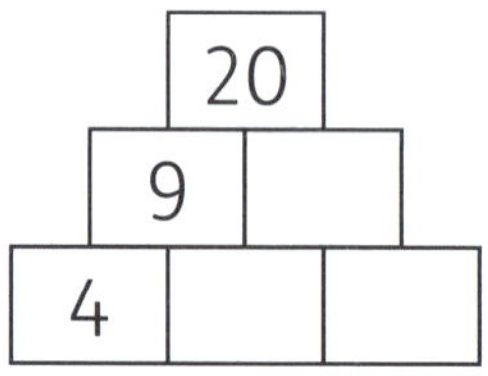

■ **1** Das Ergänzen von einem Summanden auf die Summe an Sachsituationen klären. **2–6** Aufgaben durch Ergänzen lösen. → Arbeitsheft, Seite 55

1 **Wie rechnet ihr 16 – 13?**

Wie rechnen die Kinder? Vergleicht mit euren Rechenwegen.

2

17 + ... = 20	13 + ... = 17	9 + ... = 12	8 + ... = 11
20 – 17 = ...	17 – 13 = ...	12 – 9 = ...	11 – 8 = ...
14 + ... = 20	11 + ... = 16	7 + ... = 12	15 + ... = 19
20 – 14 = ...	16 – 11 = ...	12 – 7 = ...	19 – 15 = ...

3 Löse durch Ergänzen.

14 – 11	12 – 8	15 – 10	20 – 17	16 – 11	11 – 7
18 – 15	13 – 9	17 – 12	19 – 15	16 – 9	14 – 8

4

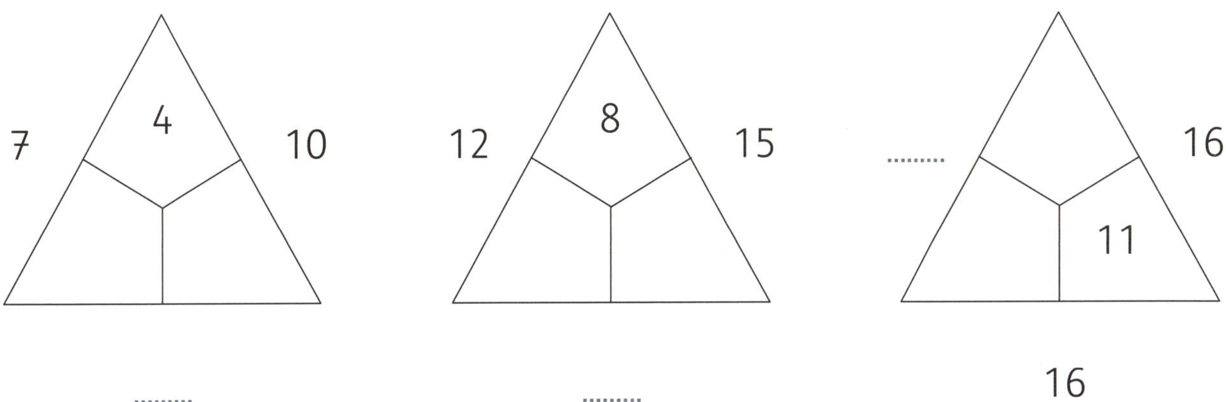

■ **1** Rechenwege zur Aufgabe 16 - 13 vergleichen. Das Ergänzen als neue Methode einführen. **2** Aufzeigen der Beziehung zwischen Ergänzungs- und Minusaufgaben. **3** Minusaufgaben durch Ergänzen lösen. **4** Rechendreiecke durch Ergänzen lösen. → Arbeitsheft, Seite 55

1 Linus hat .... Euro. Linus kauft: Linus hat noch .... Euro.

2 Jule hat .... Euro. Jule kauft: Jule hat noch .... Euro.

Flohmarkt und Einkaufen spielen, mit Rechengeld bezahlen. **1, 2** Aufgaben mit Rechengeld legen, den Restbetrag einzeichnen, Beträge eintragen.

3 Ich kaufe: | Ich gebe:

Zurück: .... Euro

4 Ich kaufe: | Ich gebe:

Zurück: .... Euro

5 Ich kaufe: | Ich gebe:

Zurück: .... Euro

6 Ich kaufe: | Ich gebe:

Zurück: .... Euro

7 Ich kaufe: | Ich gebe:

Zurück: .... Euro

8 Ich kaufe: | Ich gebe:

Zurück: .... Euro

9

6 € + ... € = 12 €
8 € + ... € = 14 €
10 € + ... € = 16 €
12 € + ... € = 17 €
14 € + ... € = 20 €

10

18 € − .... € = 8 €
16 € − .... € = 8 €
14 € − .... € = 8 €
12 € − .... € = 8 €
10 € − .... € = 8 €

11

€	€							

1

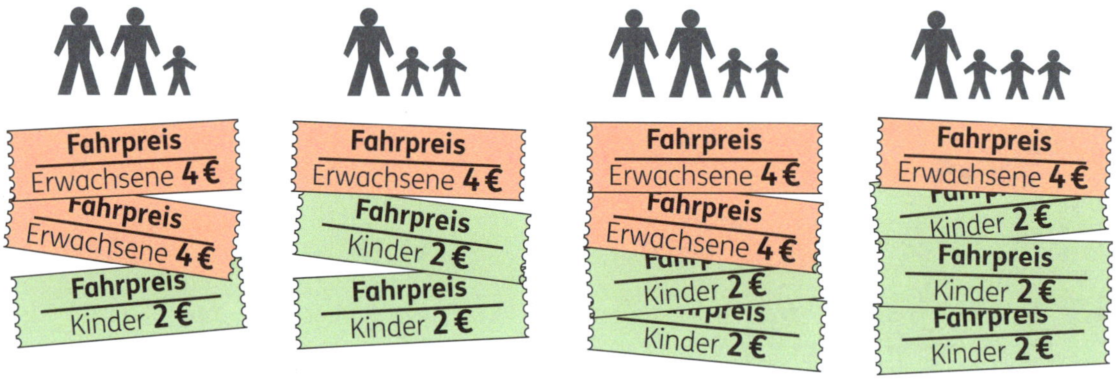

Zu zahlen 10 Euro .... Euro .... Euro .... Euro

2 Rundfahrt

Kinder	1	2	3	4	5	6
Zu zahlen	2 €	4 €	6 €	€	€	€

Erwachsene	1	2	3	4	5	6
Zu zahlen	4 €	8 €	€	€	€	€

3 Familie Minetti bezahlt für:

3 Kinder .... Euro
2 Erwachsene .... Euro

zusammen .... Euro

4 Familie Kaiser bezahlt für:

2 Kinder .... Euro
3 Erwachsene .... Euro

zusammen .... Euro

1 Aufbau der Tabelle besprechen, Fahrpreise eintragen. **2** Tabelle ausfüllen. **3** Ergebnisse von **2** zur Lösung nutzen. → Arbeitsheft, Seite 56

5 Frau König bezahlt für sich und drei Kinder:

Rundfahrt	.... Euro
3 Eis	.... Euro
zusammen	.... Euro

6 Familie Otte bezahlt:

2 Kaffee	.... Euro
2 Eis	.... Euro
zusammen	.... Euro

7 Pia und Emine bezahlen:

Rundfahrt	.... Euro
1 Tierfutter	.... Euro
2 Eis	.... Euro
zusammen	.... Euro

8 Herr Kluge bezahlt:

3 Saft	.... Euro
3 Eis	.... Euro
3 Tierfutter	.... Euro
zusammen	.... Euro

9

Adam Ries
1492 – 1559

„Wer nicht weiß, was Rechnen ist,
leicht betrogen wird mit List.
Dies nimm zu Herzen, bitt' ich sehr.
Ein jeder sein Kind Rechnen lehr'."

Das erste deutsche Rechenbuch schrieb Adam Ries. Er wurde in Staffelstein (Bayern) geboren und war Rechenmeister in Erfurt (Thüringen) und Annaberg (Sachsen). Er lebte von 1492 bis 1559.

■ **5–8** Preise von Seite 96 zur Lösung verwenden. Sachaufgaben ausrechnen. **9** Den Rechenmeister Adam Ries und ein Gedicht aus seinem berühmten Rechenbuch „Rechenung auff der linihen und federn" kennenlernen.
→ Arbeitsheft, Seite 56

1 Zeichne die Punktfelder der Zahlen. Schneide sie aus. Rechne aus.

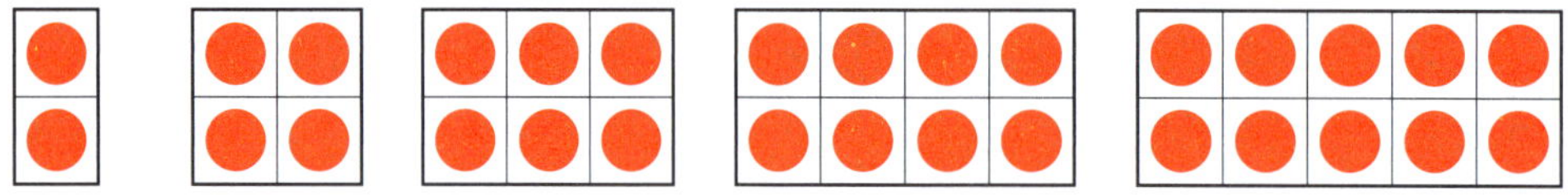

0 + 0	1 + 1	2 + 2	3 + 3	4 + 4	5 + 5	gerade Zahlen
0	2	4	....	....	....	

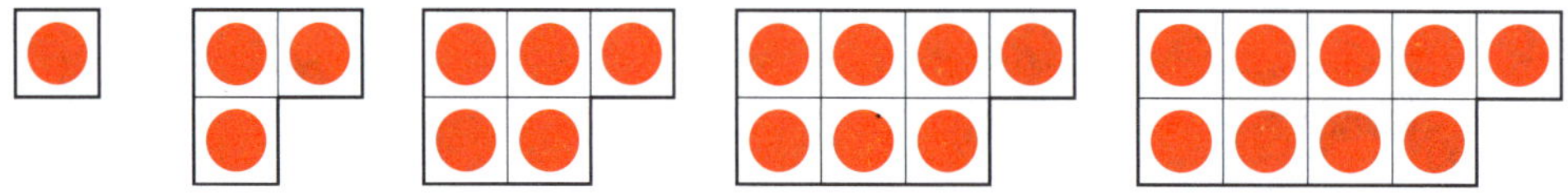

1 + 0	2 + 1	3 + 2	4 + 3	5 + 4	ungerade Zahlen
1	3	....	....	....	

2

6 + 2 = 8 ....

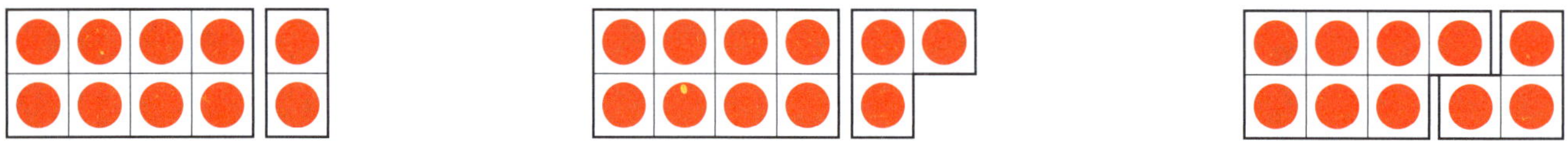

....

3 Finde Plusaufgaben mit geradem Ergebnis.

4 Beschreibe die Päckchen. Achte auf gerade und ungerade Zahlen.

4 + 6 = ...	5 + 1 = ...	2 + 1 = ...	1 + 8 = ...
6 + 8 = ...	7 + 3 = ...	4 + 3 = ...	3 + 6 = ...
8 + 4 = ...	9 + 5 = ...	6 + 5 = ...	5 + 4 = ...
10 + 2 = ...	5 + 7 = ...	8 + 7 = ...	7 + 2 = ...
12 + 8 = ...	9 + 9 = ...	10 + 9 = ...	9 + 0 = ...

Wann ist das Ergebnis gerade? Wann ungerade?

5 Bilde auch Minusaufgaben. Ordne nach geraden und ungeraden Ergebnissen.

1 Punktfelder zu geraden und ungeraden Zahlen herstellen (evtl. KV). Gerade Zahlen als Ergebnisse von Verdopplungsaufgaben, ungerade als „Fastverdopplungsaufgaben" bewusst machen. **2, 3** Mit Punktfeldern Plusaufgaben legen und rechnen. Fortsetzung der geraden und ungeraden Zahlen bis 20 besprechen. **4** Muster der geraden und ungeraden Ergebnisse besprechen. **5** Auf Aufgabe **4** als Vorbild verweisen.

1 Vergleiche die Punktfelder von 8 und 9.

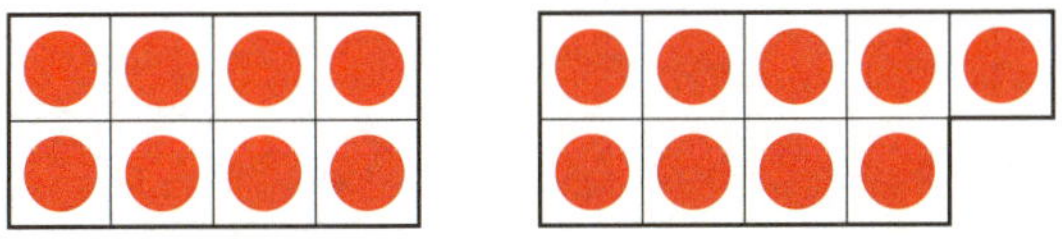

Welche Zahl lässt sich halbieren?

Welche anderen Zahlen bis 20 lassen sich halbieren?

2 Lege, rechne und vergleiche.

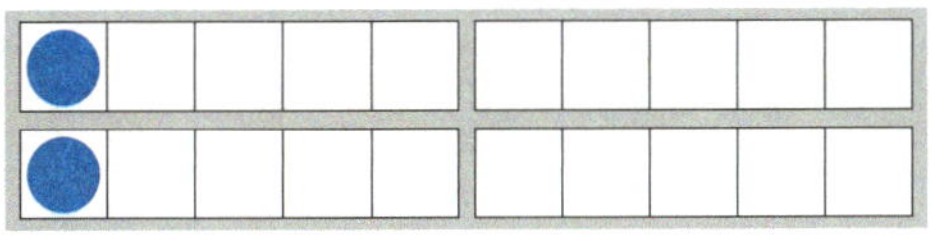

2 = ___ + ___

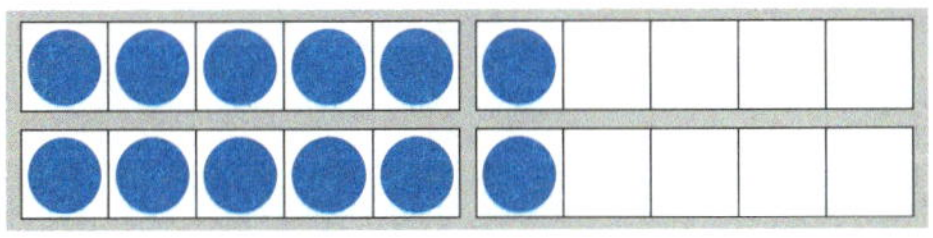

12 = ___ + ___

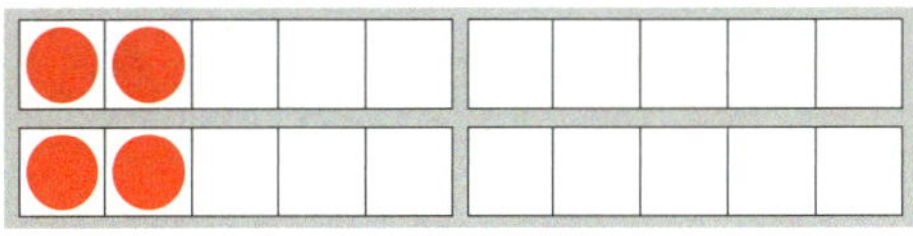

4 = ___ + ___

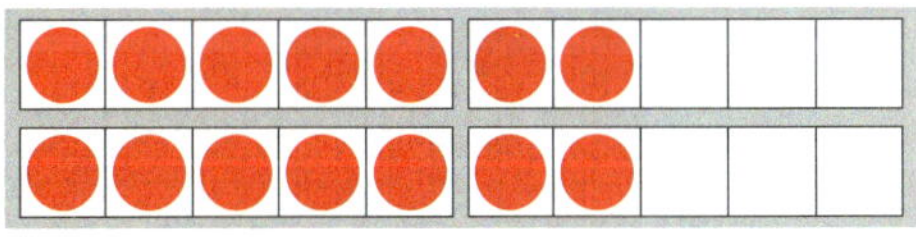

14 = ___ + ___

3

6 = ___ + ___
16 = ___ + ___

8 = ___ + ___
18 = ___ + ___

10 = ___ + ___
20 = ___ + ___

0 = ___ + ___

4 Halbiere.

Blitzrechnen: Halbieren

Zahl zeigen und nennen.

Zahl halbieren.

■ **1** An Beispielen halbierbare und nicht halbierbare Zahlen gegenüberstellen. **2, 3** Analogie zwischen Aufgabenpaaren herausstellen. **4** Transfer der Kenntnisse über das Halbieren von Zahlen auf das Halbieren von Geldbeträgen.
→ Arbeitsheft, Seite 57 ⚡ Zur Grundlegung und zum weiteren regelmäßigen Üben Seite 135 oder aufgeklappte Umschlagseite im Arbeitsheft benutzen. → Verstehen und Trainieren 1, Seite 30

Zählen in Schritten

1

2

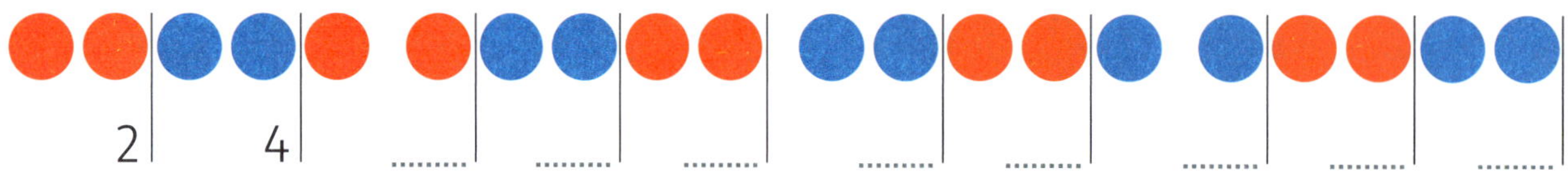

3

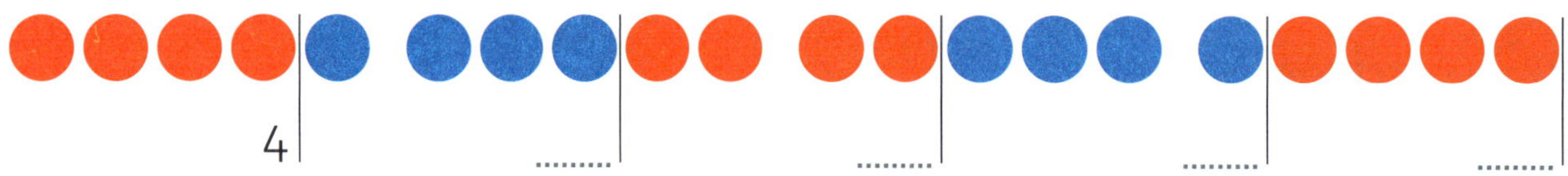

4

5 Zähle vorwärts.
Fünferschritte: 5, 10, ...
Zweierschritte: 2, 4, ...
Viererschritte: 4, 8, ...
Dreierschritte: 3, 6, ...

6 Zähle rückwärts.
Zweierschritte: 20, 18, ...
Fünferschritte: 20, 15, ...
Viererschritte: 20, 16, ...
Dreierschritte: 21, 18, ...

7 Welche Schritte führen zu 12?

8 Welche Schritte führen zu 20?

Blitzrechnen: Zählen in Schritten

Schritte vorgeben.

In Schritten zählen.

■ **1–4** In Schritten an der Zwanzigerreihe zählen. **5–8** Mündlich rechnen. Zur Grundlegung und zum weiteren regelmäßigen Üben Seite 134 f. oder aufgeklappte Umschlagseite im Arbeitsheft benutzen.
→ Verstehen und Trainieren 1, Seite 31

1 Immer (+3).

Immer (+5).

Immer (+2).

Immer (+4).

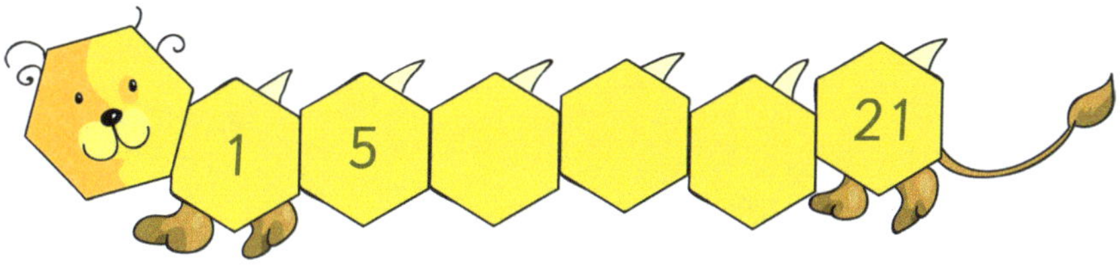

Immer (+5).

Forschen und Finden

2 Erfindet eigene Zahlenraupen.

Immer (+2).

■ Übungsformat „Immer plus …" einführen und Aufgaben rechnen. **2** Selbst Zahlenraupen erfinden (KV) und in Partnerarbeit berechnen lassen. → Probieren und Kombinieren 1, Seiten 18, 19 → Verstehen und Trainieren 1, Seite 29

1 Rechne die Aufgaben im Kopf.

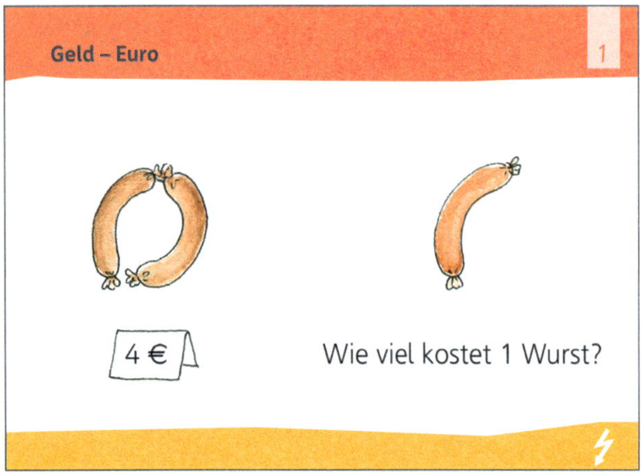

Stellt euch selbst solche Aufgaben.

2 Wie viele Eier sind es?

3 Wie viele Kugeln sind es?

4 Wie viel Euro sind es zusammen?

5 Wie viel Euro sind es zusammen?

6

Goran isst 2 Äpfel.
Wie viele Äpfel bleiben übrig?

7

3 Kinder gehen.
Wie viele Kinder sind noch da?

■ Grundlegung für → Sachrechnen im Kopf 1/2, Basiskurs Größen **1–7** Aufgaben in Partnerarbeit besprechen und dann im Kopf lösen.

8 Wie viel Euro sind es?

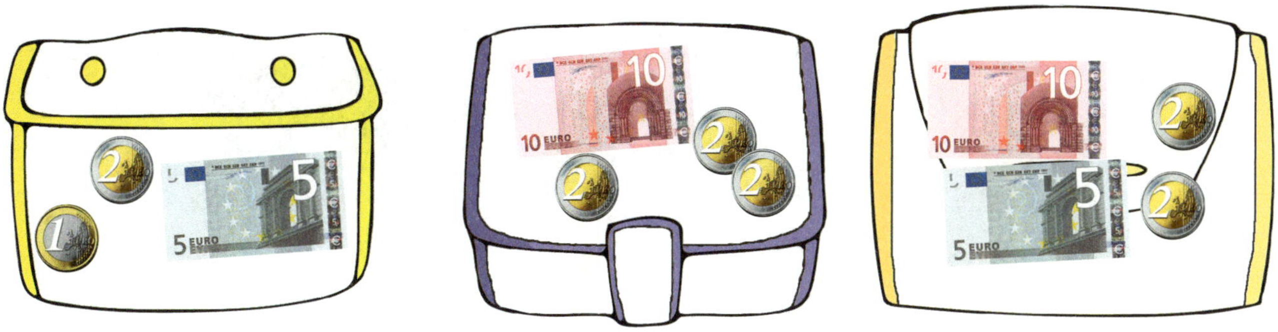

9 Ergänze zu 10 Euro.

10 Ergänze zu 20 Euro.

11

Oma gibt noch 4 Euro.
Wie viel Euro sind es dann?

12

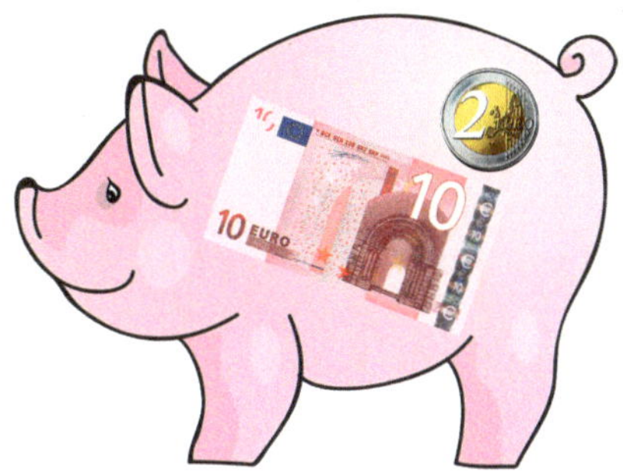

Opa gibt noch 7 Euro.
Wie viel Euro sind es dann?

13 Wie viel Euro sind es?

1 Euro mehr als 5 Euro.
2 Euro mehr als 10 Euro.
1 Euro weniger als 20 Euro.

14 Wie spät ist es?

15 Verdopple.

16 Halbiere.

■ Grundlegung für → Sachrechnen im Kopf 1/2, Basiskurs Größen **8–16** Aufgaben in Partnerarbeit besprechen und dann im Kopf lösen. Evtl. Geldbeträge mit Rechengeld legen. **14** Vorher Mini-Projekt Zeit, Seiten 126–128, behandeln. Zeiten an der Lernuhr einstellen. → Arbeitsheft, Seite 58

Welche Sachaufgaben rechnen die Kinder?

1 6 Hasen sitzen im Gras, 2 davon hoppeln weg. ?

2 Tai hat 6 Murmeln. Pinar hat doppelt so viele. ?

3 Der Verkäufer hat 6 rote, 3 blaue und 3 gelbe Luftballons. ?

4 Adrian kauft ein Buch für 6 Euro. Er bezahlt mit einem 10-Euro-Schein. ?

5 Zwei gleiche Eisbecher kosten zusammen 6 Euro. ?

6 Mika kommt um 6 Uhr abends nach Hause. 2 Stunden später geht er ins Bett. ?

7 Ein Riesenrad hat 12 Gondeln. 6 davon sind besetzt. ?

■ Sachaufgaben lesen und den Rechnungen der Kinder zuordnen. **1–7** Passende Fragen finden und beantworten. **6** Vorher Mini-Projekt Zeit, Seiten 126 – 128, behandeln. → Arbeitsheft, Seite 58

1 Findet passende Fragen und beantwortet sie.

1 Kasten Wasser.
4 Flaschen sind leer.

Lea

Auf dem Kindergeburtstag sind 12 Kinder.
4 davon sind Mädchen.

Deniz

Der Unterricht dauert 4 Stunden.
Er endet um 12 Uhr.

Isabella

Eine Torte hatte 12 Stücke.

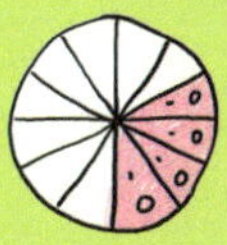

4 sind noch übrig.

Maja

Marie ist 12 Jahre alt.

Tim ist 4 Jahre jünger.

Erik

Räuber und Goldschatz
Der Schatz steht auf 12.
Der Minusräuber würfelt

Oskar

Im September ist es 12 Stunden am Tag hell.
An Weihnachten sind es 4 Stunden weniger.

Frau Schreiner

Findet selbst Aufgaben zu 12 - 4.

2 Finde Sachaufgaben zu den Rechnungen.

10 + 4	5 + 2	10 – 4	20 – 16	5 + 2 + 2	4 + 4 + 4
7 + 7	4 + 4	7 – 4	8 – 8	10 + 5 – 13	18 – 2 + 4

■ **1** Sachaufgaben der Kinder lesen, passende Fragen finden und Rechnungen bilden (Mathekonferenz). Vorher Mini-Projekt Zeit, Seiten 126 – 128, behandeln. **2** Zu vorgegebenen Rechnungen verschiedene Sachaufgaben finden, evtl. zeichnen. → Probieren und Kombinieren 1, Seiten 30 – 32

1 Trage die fehlenden Zahlen ein.

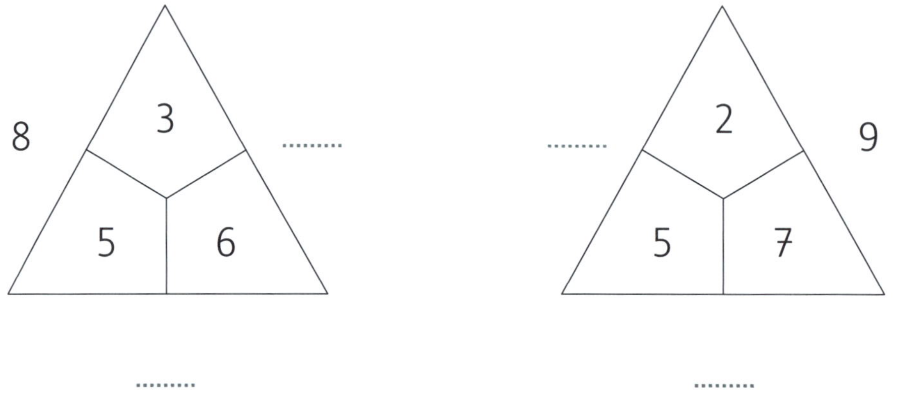

2

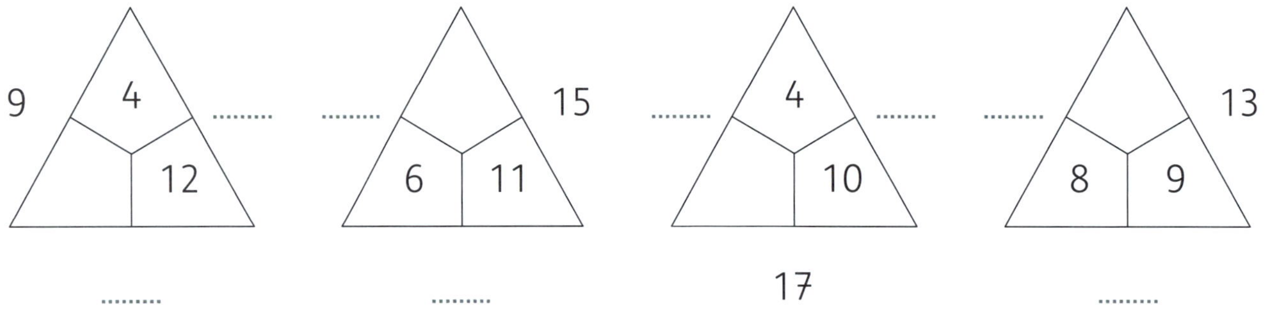

3

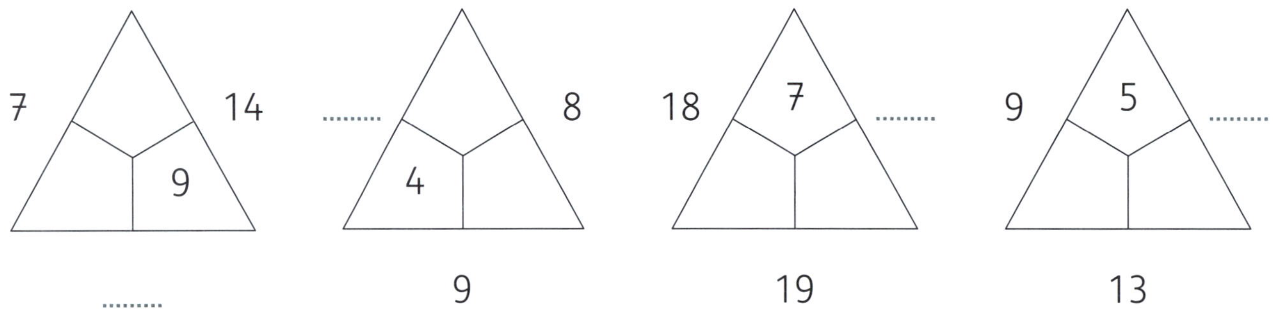

4 Trage die Zahlen passend ein.

8, 7, 6,
3, 2, 1

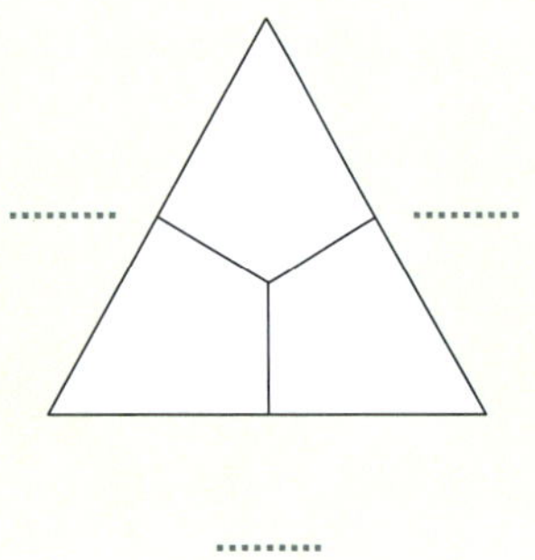

20, 19, 15
12, 8, 7

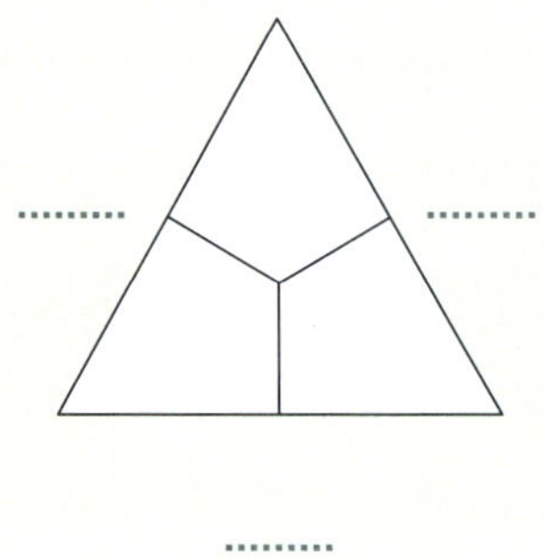

5 Erfindet selbst Rechendreiecke. Stellt euch Aufgaben wie in **4**.

■ **1–3** Rechendreiecke vervollständigen, Beziehungen besprechen. **4** Mit vorgegebenen Zahlen Rechendreiecke bilden. **5** Eigene Rechendreiecke erfinden und in Partnerarbeit berechnen lassen. → Arbeitsheft, Seite 59 → Probieren und Kombinieren 1, Seiten 9 – 11

Forschen und Finden

6 Probiere.

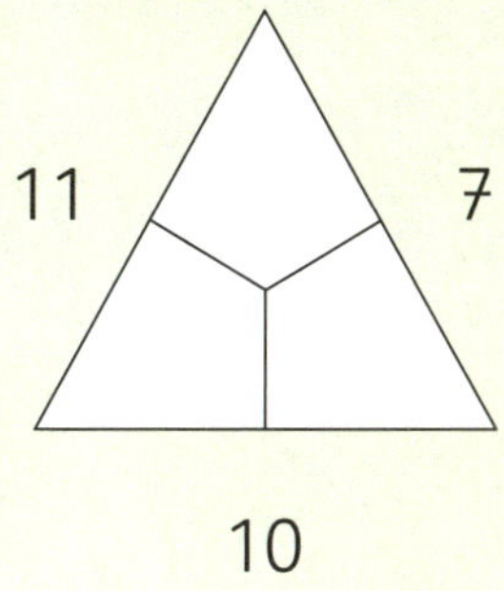

7

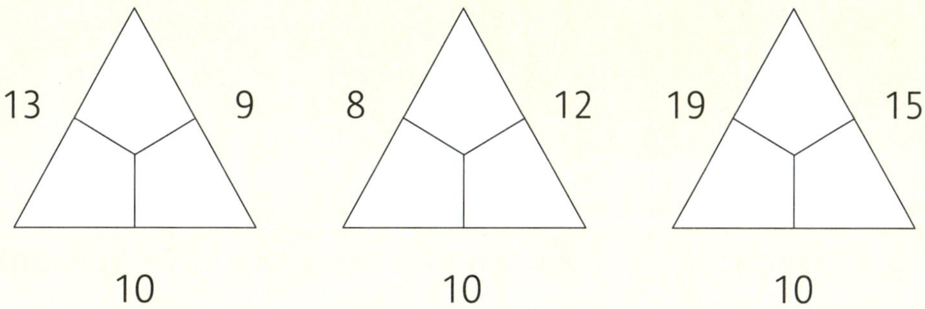

8

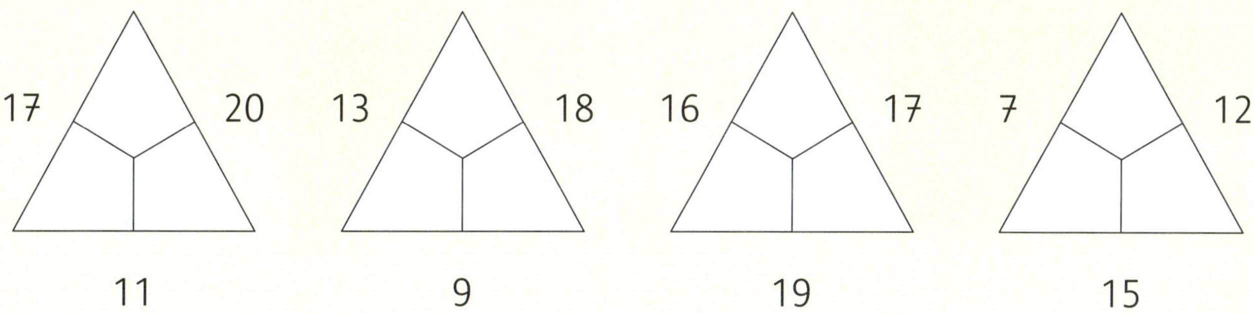

9 „Rot“ spielt gegen „Blau“: Wer kann den anderen blockieren?

Abwechselnd ein Plättchen der eigenen Farbe schieben, beliebig weit vor oder zurück. Nicht schräg, nicht überspringen.

■ **6** Systematisches Probieren als Lösungsstrategie besprechen. **7, 8** Rechendreiecke durch systematisches Probieren lösen. **9** Partnerspiel: Anfangsposition (2 rote links, 2 blaue rechts) und Spielregeln besprechen. → Arbeitsheft, Seite 59 → Probieren und Kombinieren 1, Seite 10

Würfel falten

Zum Falten des Würfels brauchst du 8 Quadrate.

1 Falte in der Mitte zum **Buch**.

2 Klappe auf. Falte zum **Schrank**.

3 Falte den Schrank in der Mitte.

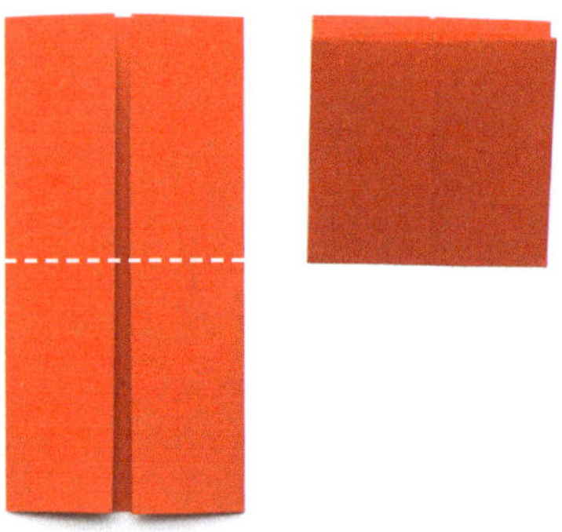

4 Falte auf zu einem **Winkel**.

5 Führe **1** bis **4** noch einmal aus. Du erhältst einen zweiten Winkel.

1–5 Aus Faltquadraten unter Nutzung bekannter Faltobjekte (Buch, Schrank) Winkel als Modul für einen Faltwürfel (aus 8 Winkeln) herstellen. An den weißen gestrichelten Linien muss als nächstes gefaltet werden.

6 Falte einen schmalen Schrank mit leicht überlappenden Türen.

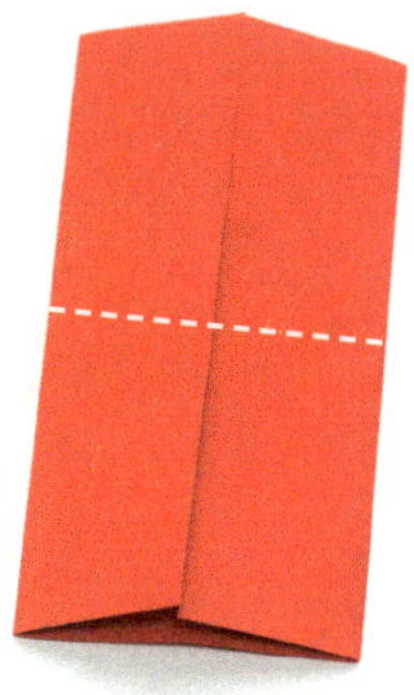

7 Falte in der Mitte. Falte auf zu einem Winkel.

8 Falte einen weiteren schmalen Winkel.

9 Schiebe zwei breite und zwei schmale Winkel zu einem **Ring** zusammen.

10 Führe **1** bis **9** noch einmal aus.

11 Schiebe zwei Ringe zu einem **Würfel** zusammen.

12 Baut aus euren Würfeln größere Würfel.

6 – 8 Faltung von Seite 108 zur Gewinnung schmaler Winkel leicht abwandeln. **9** Zwei breite und zwei schmale Winkel zum Ring verbinden, die schmalen Winkel als Eckverbindungen in die breiten schieben. **10** Herstellung eines zweiten Rings. **11** Einen Ring etwas weiten und über den anderen schieben. Alternativ einen Ring an einer Stelle öffnen, um den anderen wickeln und Lücke wieder schließen. **12** Gruppenarbeit.

Aus  mache

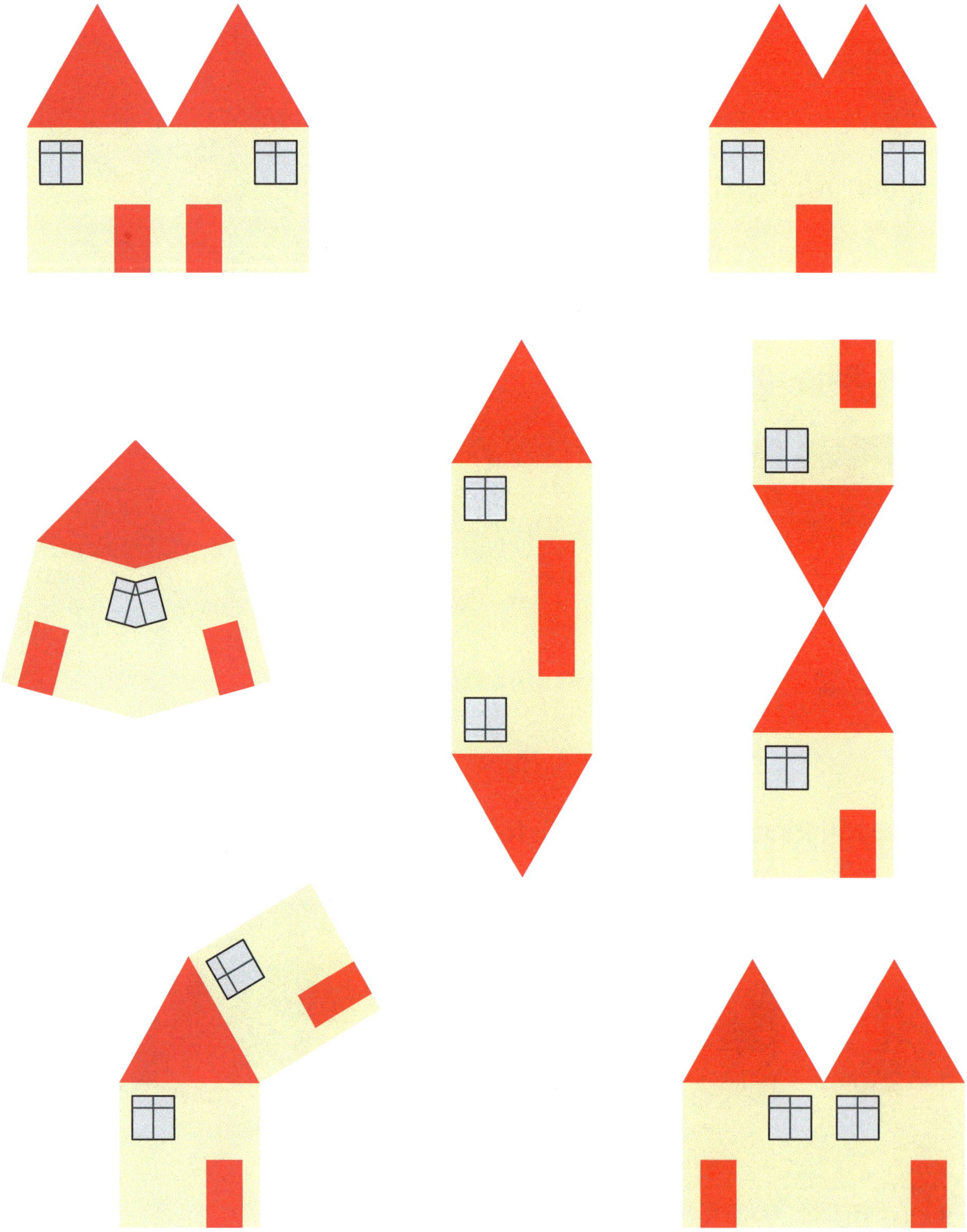

An Aufgabenstellung „Mache aus …“ (Seite 47) erinnern. Jeweils aus der oberen Figur die unteren Spiegelbilder herstellen. Mit einem Spiegel durch Probieren lösen.

Aus  mache

 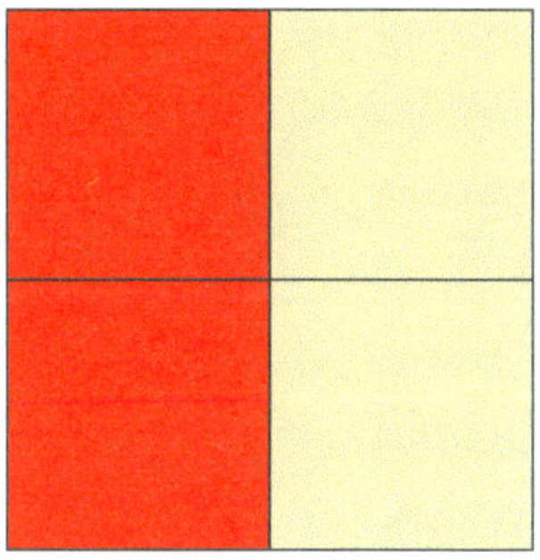 

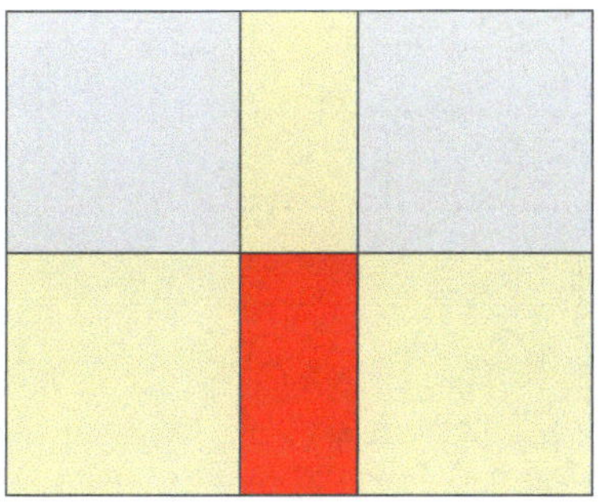 

 Finde selbst schöne Figuren.

■ Jeweils aus der oberen Figur die unteren Spiegelbilder herstellen. Mit einem Spiegel durch Probieren lösen.

Zahlenmauern

1

	☐	
3	5	
☐	2	☐

	☐	
5	7	
2	☐	☐

	☐	
☐	9	
3	☐	5

	☐	
9	☐	
☐	5	6

2

	☐	
☐	☐	
5	5	5

	☐	
☐	☐	
6	4	6

	☐	
10	☐	
7	☐	7

	20	
☐	10	
☐	2	☐

3

	12	
7	☐	
5	☐	☐

	12	
6	☐	
☐	☐	4

4

	20	
12	☐	
☐	☐	5

	20	
☐	9	
☐	☐	4

5 Aus 1 7 10 3 2 5

legt Fatima

10
7 3
5 2 1

Wie geht es noch?

6 Lege Zahlenmauern

aus 18 12 10 6 4 2

aus 3 5 8 9 12 20

aus 8 3 5 7 2 15

7 Trage die Zahlen passend ein.

2, 4, 6,
8, 10, 16

	☐	
☐	☐	
☐	☐	☐

1, 2, 3,
3, 5, 8

	☐	
☐	☐	
☐	☐	☐

8 Stellt euch selbst Aufgaben.

1–4 Fehlende Zahlen ergänzen. Ausgerechnete Zahlenmauern vergleichen und Gesetzmäßigkeiten entdecken. **5, 6** Aus 6 Wendekarten jeweils eine Zahlenmauer legen. **7** Mit vorgegebenen Zahlen Zahlenmauern bilden. **8** Eigene Mauern erfinden, in einzelne Bausteine zerschneiden und in Partnerarbeit zusammensetzen lassen. → Arbeitsheft, Seite 60 → Probieren und Kombinieren 1, Seiten 12, 13

Forschen und Finden

9 Probiere.

12

5   1

10

Mauer	Oben	Mitte	Unten
1	15	_ _	4 _ 1
2	10	_ _	5 _ 1
3	10	_ _	6 _ 2
4	12	_ _	4 _ 2

11

Mauer	Oben	Mitte	Unten
1	13	_ _	6 _ 3
2	18	_ _	8 _ 4
3	15	_ _	6 _ 1
4	20	_ _	6 _ 10

12

Mauer	Oben	Mitte	Unten
1	19	_ _	9 _ 8
2	14	_ _	4 _ 2
3	18	_ _	8 _ 6
4	15	_ _	8 _ 7

13 Erfinde selbst Zahlenmauern.

31
17 14
9 8 6
4 5 3 3
1 3 2 1 2

8000
4000 4000
2000 2000 2000
1000 1000 1000 1000

1 Kreise ein.

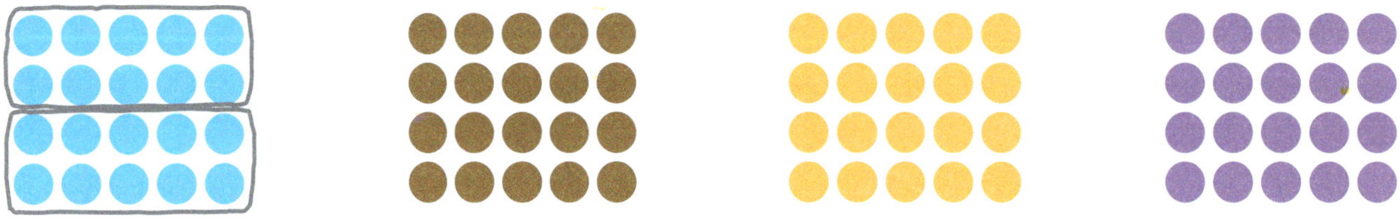

2 Zehner .... Vierer .... Zweier .... Fünfer

2

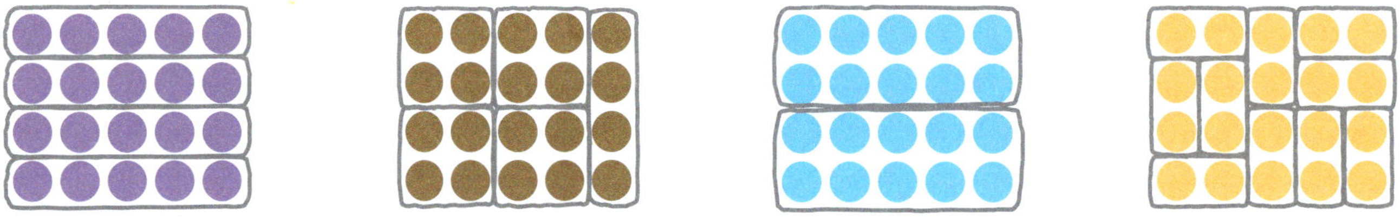

5 + 5 + 5 + 5 ....

3 Lege 12 Plättchen. Bilde Zweier, Dreier, ...

4 Zeige und rechne.

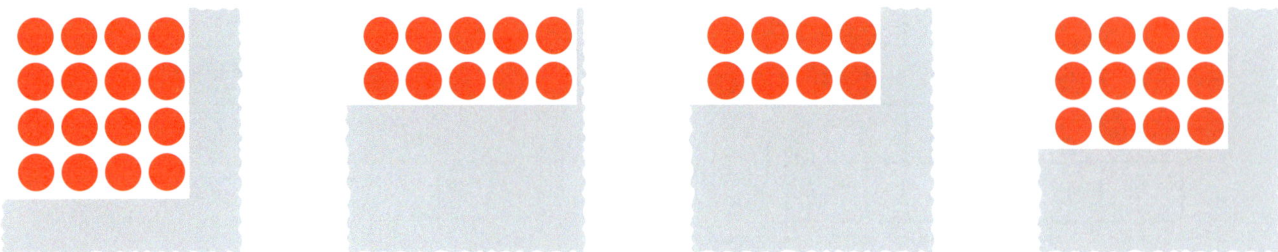

4 mal 4 = ... 2 mal 5 = ... 2 mal 4 = ... 3 mal 4 = ...

■ „mal" als verkürzte Sprechweise einführen. **1** Zwanzigermengen verschieden einkreisen. **2** Passende Plusaufgaben eintragen. **3** Mit Plättchen legen. Verschiedene Bündelungen bilden und besprechen.

5

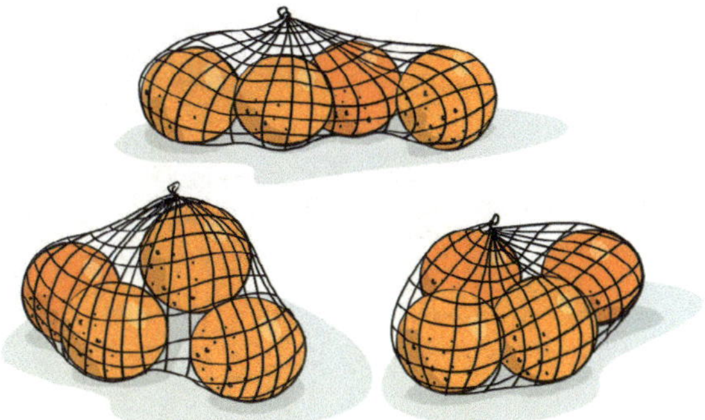

3 Netze mit 4 Orangen.
3 mal 4 = ...

4 Netze mit 3 Orangen.
4 mal 3 = ...

6

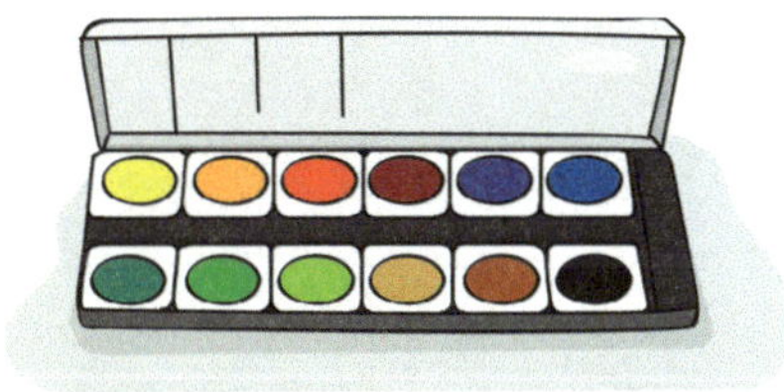

6 + 6 ....
2 mal 6 ....

7 Wie viele Ohren haben 5 Elefanten?

8 Wie viele Beine haben 3 Mäuse?

9 Wie viele Schwänze haben 4 Mäuse?

Blitzrechnen: Mini-Einmaleins

Aufgabe zeigen und nennen.

Ergebnis nennen.

5–9 Evtl. mit Plättchen legen, mündlich lösen. → Arbeitsheft, Seite 61 Zur Grundlegung und zum weiteren regelmäßigen Üben Seite 135 oder aufgeklappte Umschlagseite im Arbeitsheft benutzen.
→ Verstehen und Trainieren 1, Seite 32

1

13 + 5 = ...
13 – 5 = ...
13 + 2 = ...
13 – 2 = ...
5 + 2 = ...
5 – 2 = ...

13 + 5 + 2 = ...
13 + 2 + 5 = ...
13 + 5 – 2 = ...
13 + 2 – 5 = ...
13 – 5 + 2 = ...
13 – 2 + 5 = ...
13 – 2 – 5 = ...
13 – 5 – 2 = ...

2

14 + 3 = ...
14 – 3 = ...
14 + 1 = ...
14 – 1 = ...
3 + 1 = ...
3 – 1 = ...

14 + 3 + 1 = ...
14 + 1 + 3 = ...
14 + 3 – 1 = ...
14 + 1 – 3 = ...
14 – 3 + 1 = ...
14 – 1 + 3 = ...
14 – 1 – 3 = ...
14 – 3 – 1 = ...

3

4

5

6

7

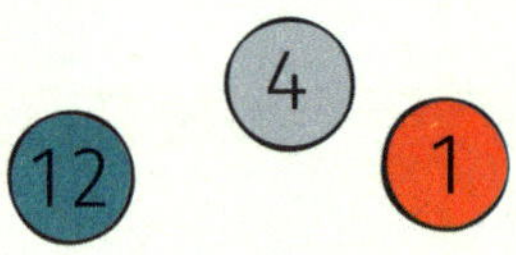

8

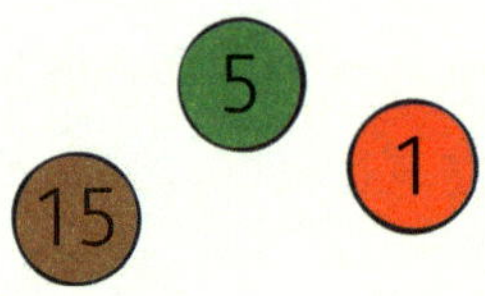

9 Jeden Zahlenball gibt es 3-mal. Der Clown nimmt aber immer nur 2 oder 3 Bälle.

1	1	–	5	–		5	=		1
	7	+	7	–	1	1	=		3
			7	+		5	=	1	2

Sind alle Zahlen von 1 bis 20 als Ergebnis möglich?

Gemeinsam die verschiedenen Möglichkeiten finden, aus den Zahlen 13, 5 und 2 Aufgaben mit zwei oder drei Zahlen zu bilden. **1, 2** Vorgegebene Aufgaben ausrechnen und Ergebnisse vergleichen. **3–9** Nach dem Vorbild von **1** und **2** selbst die möglichen Aufgaben finden und ausrechnen.

1 Immer 14.

4 + 5 + ... = 14

3 + ... + 5 = 14

2 + 6 + ... = 14

4 + ... + 6 = 14

2 Immer 12.

1 + 5 + ... = 12

...... + 4 + 4 = 12

2 + ... + ... = 12

3 + ... + ... = 12

3 Immer 8.

1 + 3 + ... = 8

6 + ... + ... = 8

...... + 5 + ... = 8

...... + ... + 4 = 8

4 Würfelraten: ...... + ... + ... = 8

1–3 Mögliche Zerlegungen mit Würfelzahlen finden und eintragen. **4** „Würfelraten" in Gruppen oder in der ganzen Klasse spielen.

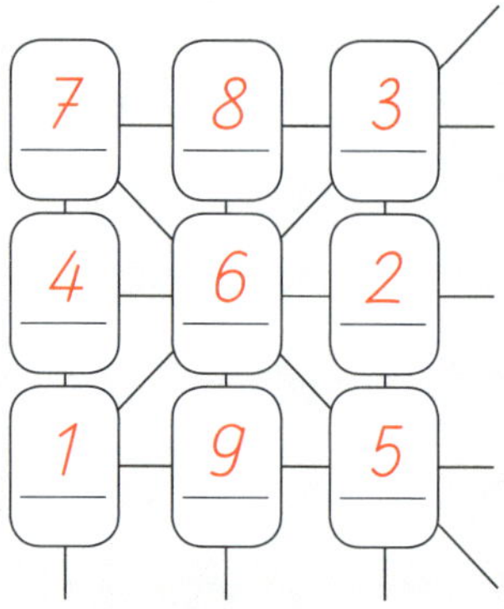

1 + 6 + 3 = 10

7 + 8 + 3 = ...

4 + 6 + 2 = ...

1 + 9 + 5 = ...

7 + 6 + 5 = ...

7	8	3
+4	+6	+2
+1	+9	+5
12	....	....

1

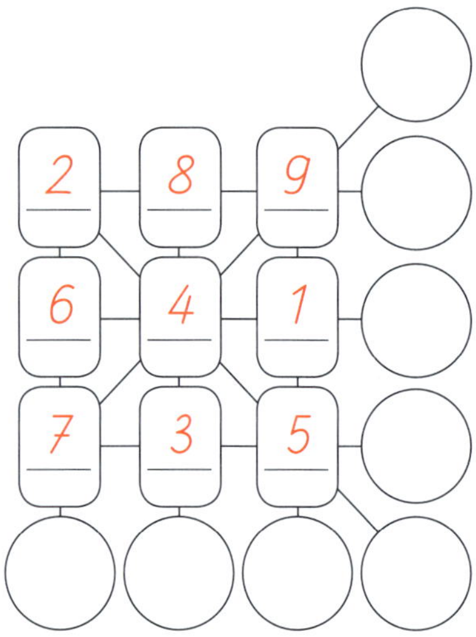

2

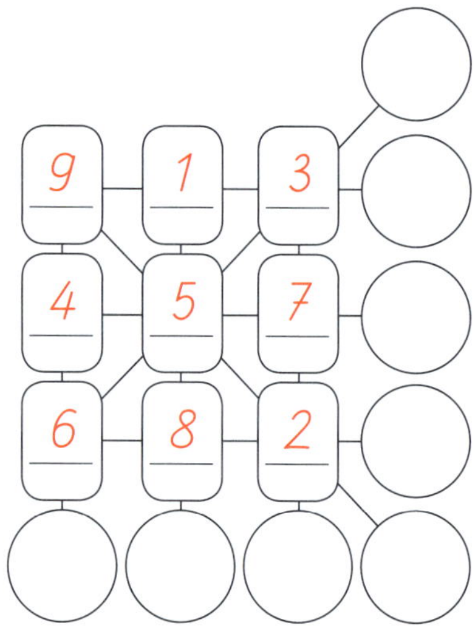

3

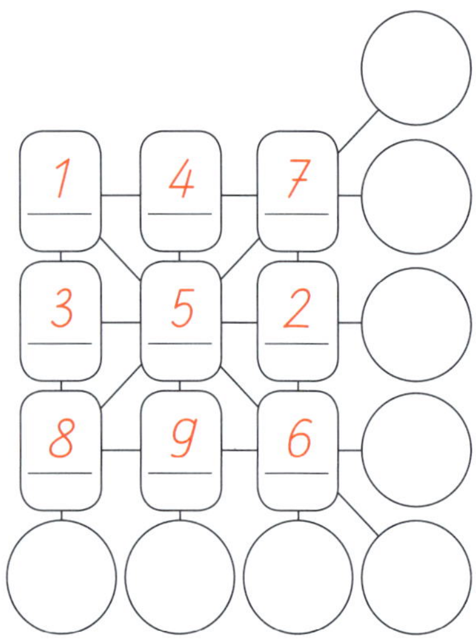

4

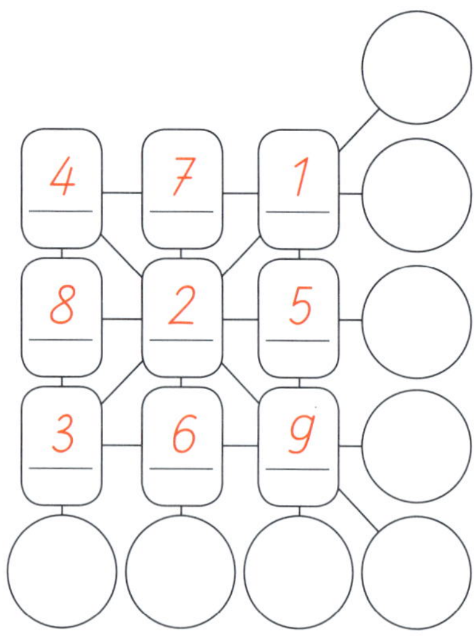

■ Einführung des Übungsformates „Plusquadrate" zur Vorbereitung des Übungsformates „Zauberquadrate" (Seiten 120/121): Die Wendekarten von 1 bis 9 werden in einem 3 x 3 Quadrat angeordnet. Anschließend werden acht Dreiersummen (Zeilen, Spalten, Diagonalen) gebildet und die Ergebnisse berechnet.
1–4 Berechnung der Summen im Kopf und Eintrag der Ergebnisse in die vorgezeichneten Kreise.

Berechne die fehlenden Zahlen.

5

6

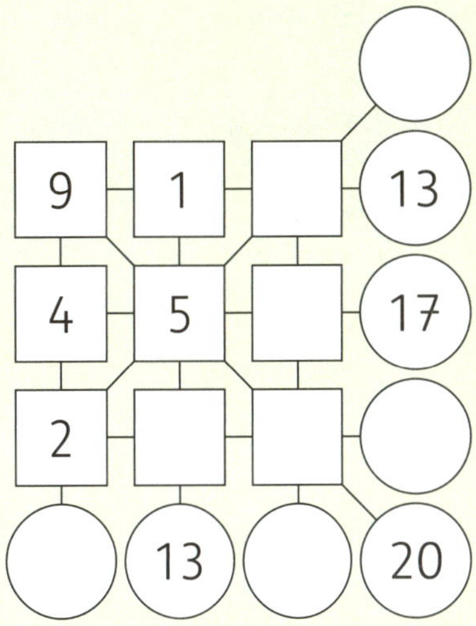

7

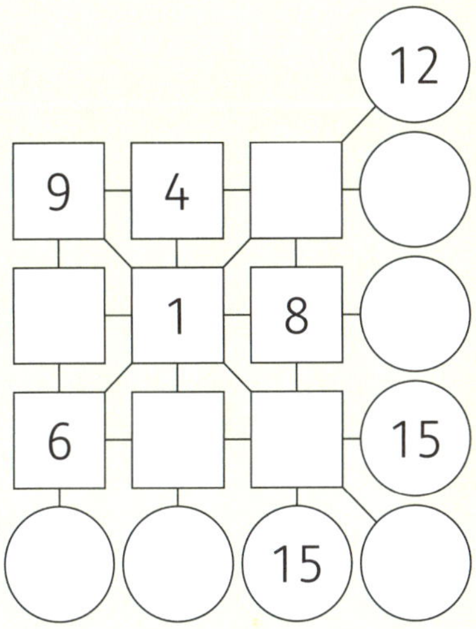

8

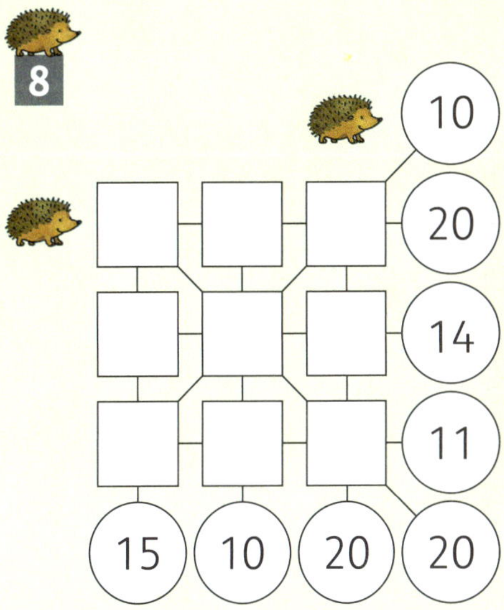

9 „15 gewinnt“

1 2 3 4 5 6 7 8 9

Zwei Spieler nehmen abwechselnd eine Karte.
Wer zuerst aus seinen Karten die Summe 15 bilden kann, gewinnt.

Elisa hat gewonnen, denn
9 + 2 + 4 = 15.

■ **5–7** Vorgegeben sind einige Zahlen im Quadrat und einige Ergebnisse. Berechnung der fehlenden Zahlen durch Addition/Subtraktion/Ergänzen. **8** Vorgegeben sind nur Ergebnisse. Mit den Wendekarten probierend lösen. Dabei Größe der Zahlen berücksichtigen (z. B. bei kleinen Summen kleine Zahlen verwenden, KV).
9 Partnerspiel: Für die Summe 15 müssen nicht alle aufgenommenen Karten verwendet werden.

1

1 2 3 4 5

6 7 8 9

Schreib 1 bis 9
in Dreierreih'n.

1	2	3	
4	5	6	
7	8	9	24
			15

Tausch 7 und 3,
was ist dabei?

1	2	7	
4	5	6	
3	8	9	
		22	

Die 5 lass steh'n,
die andern dreh'n.

4	1	2	
3	5	7	
8	9	6	23

Nun finde zwei,
vertausche sie,
dann wirst du reich,
hast alles gleich.

■ Übungsformat „Zahlenquadrate" als Spezialfall des Formates „Plusquadrate". Die Geschichte von der Wunderschildkröte Lo Shu erzählen. **1** Die Wendekarten von 1 bis 9 nach Anweisung des Zauberers legen. Jeweils die acht Aufgaben ausrechnen.

2 Ergänze in jeder Zeile und Spalte zu 15.

■ **2** Die Zahlen sind so zu ergänzen, dass alle acht Summen das Ergebnis 15 haben. Die Zahlen auf dem Panzer von Lo Shu können von Seite 120 übernommen werden. Am Schluss die Zauberquadrate vergleichen und Beziehungen beschreiben (Achsensymmetrie, Drehsymmetrie). → Probieren und Kombinieren 1, Seiten 20–25

kleiner < gleich = größer >

1 Welche Zahlen passen? Probiere und schreibe auf.

0 1 3 5 6 7 8 9 10

11 12 13 14 15 16 17 18 19 20

6 + ▢ < 11

2 | 6 + 2 < 1 1

4 | 6 + 4 < 1 1

Du kannst 5 passende Zahlen finden.

2 Welche Zahlen passen? Probiere und schreibe einige Zahlen auf.

6 + ▢ > 11

6 + 6 > 1 1

6 + 7 > 1 1

3 Welche Zahl passt? 6 + ▢ = 11

4 Welche Zahlen passen? Probiere und schreibe einige Zahlen auf.

▢ + 9 < 14 ▢ + 9 > 14 ▢ + 9 = 14

■ Jeweils Größe von 2 bzw. 3 Personen miteinander vergleichen. **1–4** Begriff der Leerstelle einführen. Mit Wendekarten Lösungen der Ungleichungen suchen. Lösungszahlen herauslegen. Mögliche Gleichungen und Ungleichungen aufschreiben.

5 Welche Zahlen passen?

12 – □ > 6 | 12 – □ < 6 | 12 – □ = 6

6 Welche Zahlen passen?

20 – □ > 10 | 20 – □ < 10 | 20 – □ = 10

7

9 + □ = 16
□ + 9 = 16

9 + 7 = 16
7 + 9 = 16

7 + □ = 12
□ + 7 = 12

6 + □ = 12
□ + 6 = 12

8 + □ = 20
□ + 8 = 20

9 + □ = 15
□ + 9 = 15

5 + □ = 13
□ + 5 = 13

9 – □ = 3
□ – 6 = 3

11 – □ = 8
□ – 3 = 8

12 – □ = 5
□ – 7 = 5

8 Jan ist 12 Jahre alt, Lina ist 8 Jahre alt.
Tarik ist jünger als Jan, aber älter als Lina.
Wie alt könnte Tarik sein?

9 Ich denke mir eine Zahl.
Sie ist kleiner als 10 und größer als 6.
Welche Zahlen könnten es sein?

10 Rechenprogramm:
Wähle eine Zahl kleiner als 20.
Ist sie gerade, halbiere.
Ist sie ungerade, rechne 1 dazu.
Setze fort.
Schreibe die Zahlen auf.

Hans:
5, 6, 3, 4, 2, 1,

Eva:
14, 7, 8, 4, 2, 1,

Sabrina:
15, 16, 8, 4, 2, 1,

■ **5, 6** Mit Wendekarten Lösungen der Ungleichungen suchen. Lösungszahlen herauslegen. Mögliche Gleichungen und Ungleichungen aufschreiben. **7** Gleichungen lösen. **8, 9** Mündlich lösen.
10 Rechenprogramm zuerst an Beispielen gemeinsam klären. Beim weiteren Rechnen dürfen die Kinder beliebig große Zahlen als Startzahlen wählen.

Centmünzen

Euromünzen

1 Immer 10 Cent. Lege und zeichne. Wie viele Münzen?

1 1 1 1 1 1 1 1 1 1	10
5 2 2 1	4

2 Immer 20 Cent. Lege und zeichne. Wie viele Münzen?

20	1
10 5 5	3

3 Ich habe 2 Kupfermünzen. Wie viel Cent könnten es sein?

Erster Überblick über Centmünzen. 1-, 2-, 5-, 10-, 20-, 50-Cent-Münzen vorstellen. **1, 2** Passende Münzen legen und malen. **3** Mit Rechengeld probieren.

1 Wie viele Münzen von jeder Sorte sind es?

! 1 Euro hat 100 Cent.

2 Immer 1 Euro. Lege und zeichne.

(1 Euro)
(50) (10) (10) (10) (10) (10)
(50) (50)

3 Milena kauft: | Sie gibt:

Wie viel Cent bekommt sie zurück?

Nik kauft: | Er gibt:

Wie viel Cent bekommt er zurück?

4 Immer 50 Cent. Lege und zeichne.

1 Anzahl der Münzen von jeder Sorte, evtl. auch Beträge bestimmen. **2** Wechseln von Euro in Cent. **3** Mit Rechengeld legen und mündlich lösen. **4** Mit Rechengeld legen und zeichnen. → Arbeitsheft, Seite 62 → Probieren und Kombinieren 1, Seiten 26, 27

4	5	6	7	8	9	10	11	12

Wann ist Mittag?
Wie sieht dein Tag aus?
Erzähle.

Um .... Uhr
stehe ich auf.

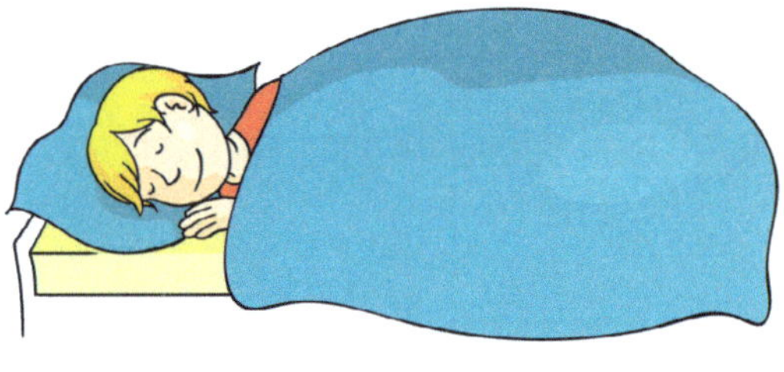

Nachts schlafe ich.

Die Landschaft mit Blumen, Tieren und dem jeweiligen Sonnenstand beschreiben, den Tagesablauf zu Uhrzeiten in Bezug setzen und erzählen. Uhrzeiten auf Lernuhr einstellen und ablesen. Fehlende Uhrzeiten (0, 1, 2, 3, 22, 23, 24 Uhr (= 0 Uhr des nächsten Tages)) mündlich ergänzen.

13	14	15	16	17	18	19	20	21
1	2	3	4	5	6	7	8	9

Um .... Uhr
gehe ich ins Bett.

■ Die Landschaft mit Blumen, Tieren und dem jeweiligen Sonnenstand beschreiben, den Tagesablauf zu Uhrzeiten in Bezug setzen und erzählen. Uhrzeiten auf Lernuhr einstellen und ablesen.
→ Arbeitsheft, Seite 63

1 Erzähle.

2 Beobachte die Zeiger einer Uhr.

1 Stunde hat .... Minuten

1 Minute hat .... Sekunden.

3 Wie lange dauert es etwa?

Zähne putzen

deine Lieblingssendung

Fußballspiel

4 Versuche für 1 Minute die Augen zu schließen.

■ **1–4** Gefühl für die Dauer von Sekunde (Pulsschlag), Minute (Anziehen für die Schule) und Stunde (Schulstunde) an Sachsituationen entwickeln. Länge einer Schulstunde und Pause als grobe Stützpunktvorstellung für 1 Stunde bewusst machen.

1 Vergleicht mit eurer Klasse und Schule.

In unserer Klasse
sind 23 Kinder,
davon 12 Mädchen
und 11 Jungen.

Unsere Schule hat
8 Klassen,
1 Rektorin,
7 Lehrerinnen
3 Lehrer und
1 Hausmeister.

In unserem Raum sind
14 Tische,
29 Stühle,
3 Schränke,
2 Tafeln und 4 Regale.

Unser Raum ist
14 Meter lang
und 10 Meter breit.
Er hat 4 Fenster
und 2 Türen.

2 Unsere Haustiere.

Klasse						andere Tiere

zusammen						

3 Vergleiche mit dir selbst.

Ich bin 7 Jahre alt.

Ich bin am 11. April geboren.

Ich habe
18 Zähne.

1, 2 In Partnerarbeit Daten aus der Klasse und der Schule sammeln. **3** Daten über sich selbst sammeln.

Dezember
1 
2
3
4
 5
6
7
8 
9
10
11
12
13
14
15 
16
17
18
19
20
21
22 
23
 24
25
26
27
28
29
30 
31

1 Trage in den Kalender ein:
Nikolaus, Heiligabend, Silvester.

2 Male alle Adventssonntage rot an.

3 Male alle Feiertage blau an.

4 Leo, Ida und Ben spielen beim Krippenspiel die Heiligen Drei Könige.
Welche Rollenverteilungen sind möglich?

 **Caspar**	 **Melchior**	 **Balthasar**
Leo	Ida	Ben
Leo	Ben	

5 Am 4. Dezember (St. Barbara-Tag) werden Zweige von Obstbäumen abgeschnitten und ins Wasser gestellt. Etwa 20 Tage später blühen sie auf. Wann ist das?

Diese Seiten müssen jahreszeitlich eingeordnet werden. **1, 2** Symbole und Daten zuordnen. **4** Mögliche Rollenverteilungen mündlich besprechen und in Tabelle eintragen (Grundaufgabe der Kombinatorik). **5** Aufgabe mit Monatskalender lösen.

6

7

8 Wie viele? Verteile auf 4 Tüten.

.... Plätzchen in jede Tüte.

.... Plätzchen in jede Tüte.

.... Plätzchen in jede Tüte.

9

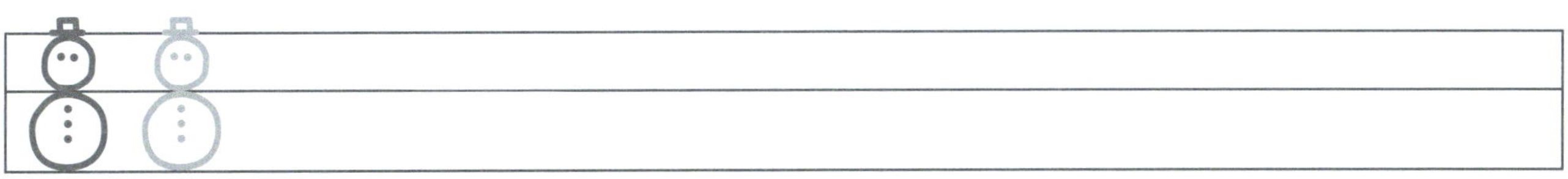

10

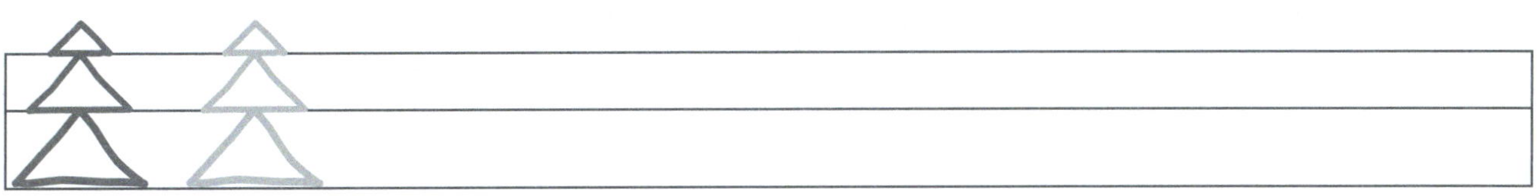

6 Tüten herstellen. **7** Mit Faltschnitten Tüten bekleben. **8** Kekse auf die Tüten aufteilen, evtl. hineinmalen. **9, 10** Schneemänner und Tannen zeichnen.

Der Osterhase hat über Nacht,
zwölf Eier in unseren Garten gebracht.
Eins legte er unter die Gartenbank,
drei in das grüne Efeugerank,
vier in das Hyazinthenbeet,
drei, wo die weiße Narzisse steht.
Eins legte er auf den Apfelbaumast,
da hat sicher die Katze mit angefasst.

Carl Ferdinands

1 Immer 2 Eier im Nest.

2 Immer 3 Eier im Nest.

3 Lege immer 4 Eier in ein Nest.
Wie viele verschiedene Nester findest du?

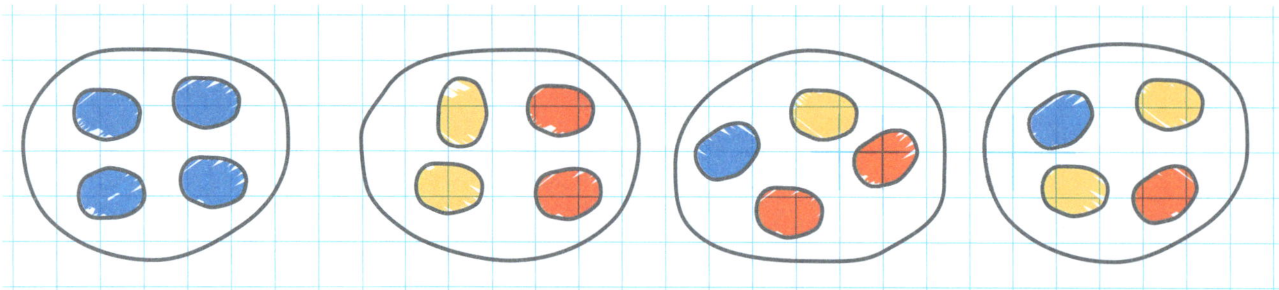

1–3 Jeweils verschiedene Nester mit 2, 3 oder 4 Eiern zusammenstellen. **3** Fehlende Nester ins Heft malen. Es gibt 15 verschiedene Nester.

Forschen und Finden

4 Der Hasenlehrer hat diese 2 Nester in Säcken versteckt.

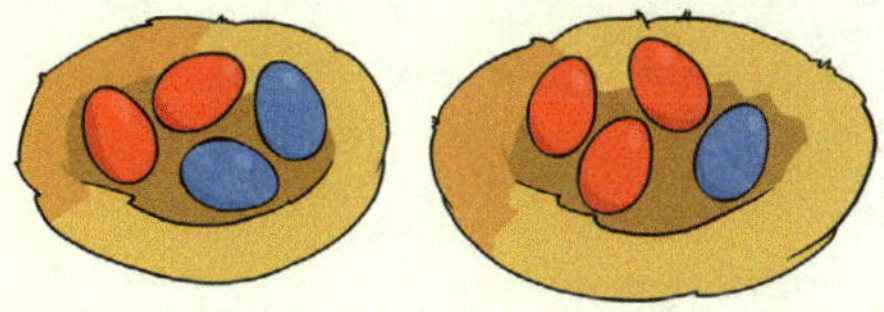

Jedes Hasenkind holt aus jedem Sack ein Ei, notiert die Farbe und legt es wieder zurück.

Welches Nest vermutest du in welchem Sack? Begründe und male an.

5 Spielt „Nester raten“ mit 2 Nestern selbst in der Klasse.

6 Der Hasenlehrer hat heimlich 5 Nester versteckt.
Welches Nest vermutest du in welchem Sack? Begründe und verbinde.

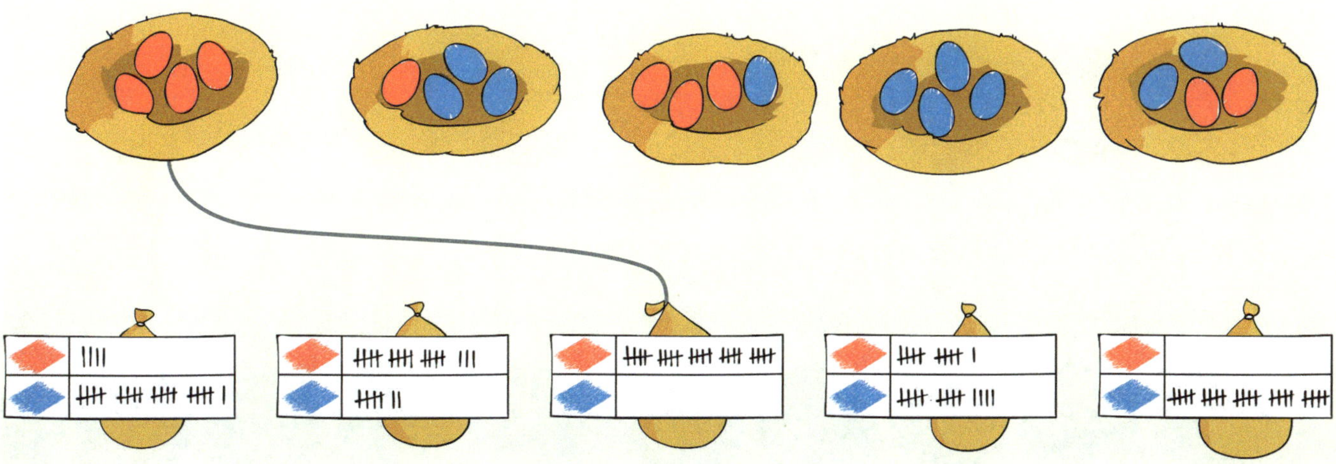

7 Spielt „Nester raten“ mit 5 Nestern selbst in der Klasse.

Zufallsexperiment „Ziehen mit Zurücklegen“ (Nest mit 3 roten, 2 blauen Eiern) besprechen. **4** Text vorlesen, Kinder zum Schätzen anregen. Strichlisten als grobes Abbild des Boxeninhalts erkennen. **6** Undurchsichtige Tüten (A, B, C, D, E), rote und blaue Perlen verwenden, Schätzungen am Schluss an Inhalt der Tüten prüfen. Es muss deutlich werden, dass keine sicheren Aussagen, sondern nur Schätzungen möglich sind.

Blitzrechnen

1 2 3 4 5 6 7 8 9 10

Plus- und Minusaufgaben (ab S. 55 und 63)

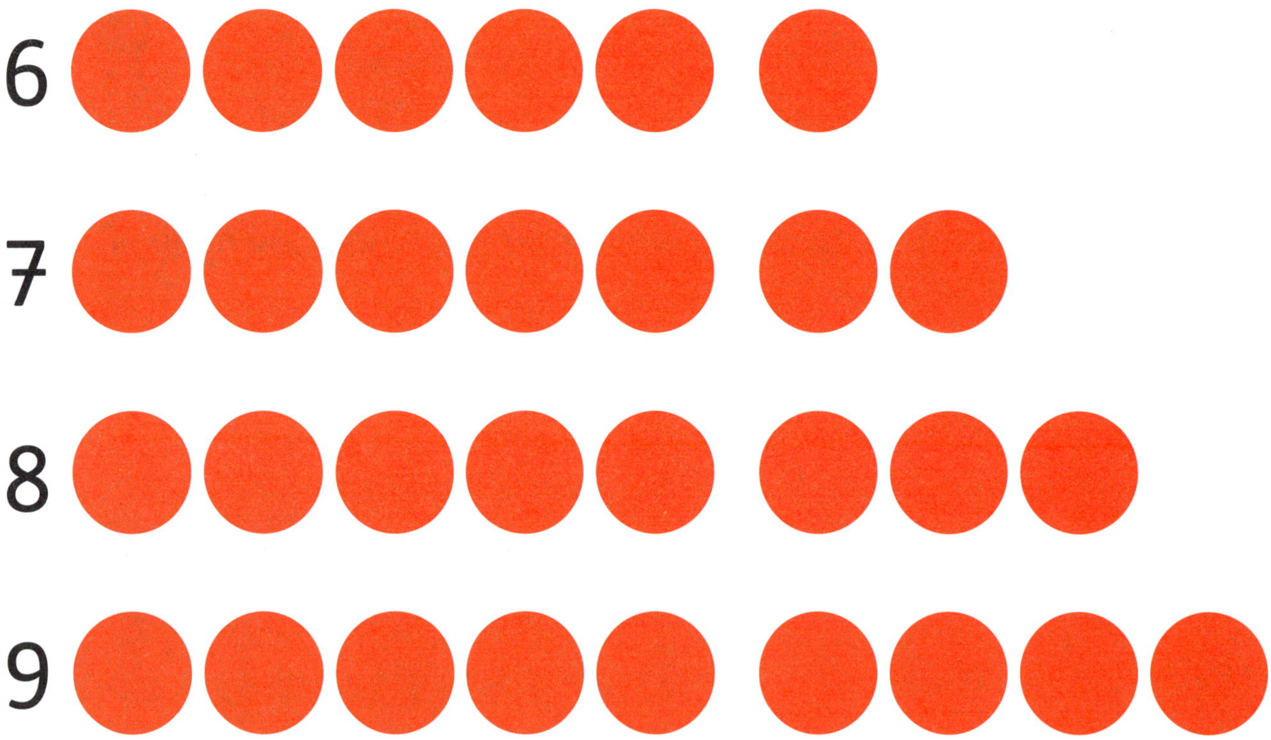

Zerlegen (ab S. 36)

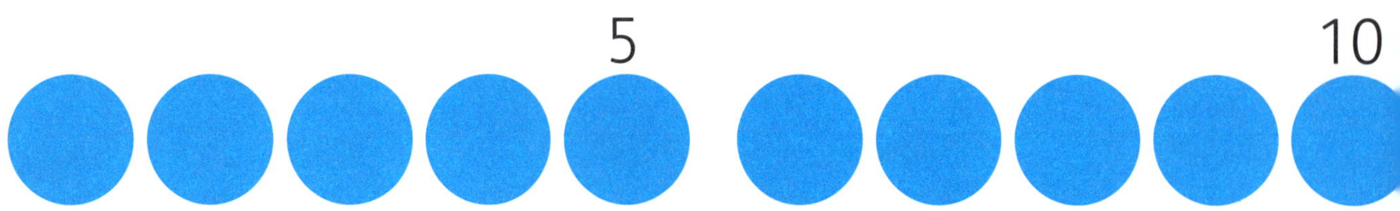

Zahlenreihe (ab S. 30), Kraft der Fünf (ab S. 73)

Operationsfelder zur handelnden Durchführung der Blitzrechenübungen, abgedruckt auch auf dem ausklappbaren Umschlag des Arbeitshefts. Zur weiteren Unterstützung stehen die Rechenkartei „Blitzrechnen“ und die CD-ROM „Blitzrechnen“ zur Verfügung.

Blitzrechnen

11 12 13 14 15 16 17 18 19 20

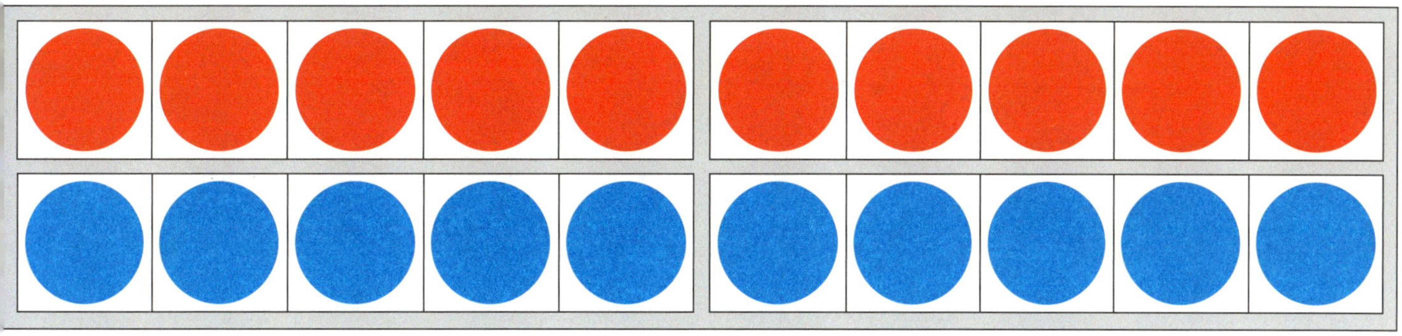

- Immer 10 (ab S. 40)
- Immer 20 (ab S. 41)
- Verdoppeln (ab S. 49)
- Halbieren (ab S. 99)

- Mini-Einmaleins (ab S. 115)

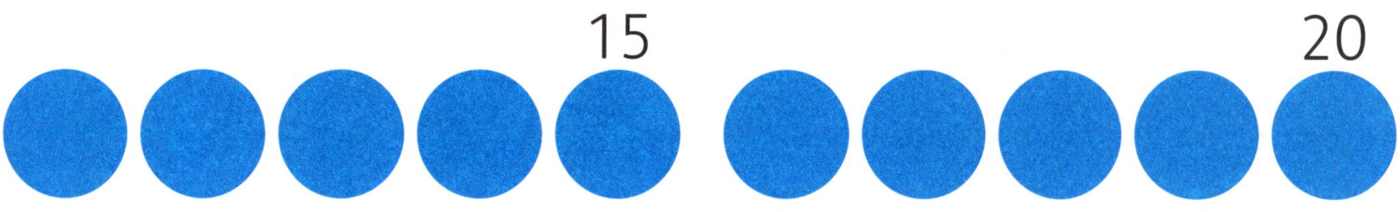

- Zählen in Schritten (ab S. 100)

Operationsfelder zur handelnden Durchführung der Blitzrechenübungen, abgedruckt auch auf dem ausklappbaren Umschlag des Arbeitshefts. Zur weiteren Unterstützung stehen die Rechenkartei „Blitzrechnen“ und die CD-ROM „Blitzrechnen“ zur Verfügung.

Textquellennachweis

23 Zehn kleine Zappelmänner. Aus: Meine liebsten Zahlenreime. Esslingen: Esslinger Verlag J. F. Schreiber, 2008; **97** Ries, Adam. Aus: Stefan, Deschauer, Das zweite Rechenbuch von Adam Ries. Braunschweig (u. a.): Vieweg, 1992; **132** Ferdinands, Carl: Zwölf Ostereier. Aus: Die Jahreszeiten. Esslingen: Alfred Hahns Verlag im Esslinger Verlag J. F. Schreiber, 1912-1915

Bildquellennachweis

Cover Klett-Archiv (David Ausserhofer, Wandlitz); **4.1; 4.3; 4.4; 4.5; 4.7; 4.8; 4.9; 4.10; 4.11; 4.12; 4.14; 4.15; 4.16; 4.17; 4.19** Fotolia LLC, New York; **4.2** Klett-Archiv (David Ausserhofer, Wandlitz), Stuttgart; **4.6; 4.13; 4.18** Fotolia LLC (South12th), New York; **5.1** Pixelio.de (Jan Schwarze), München; **5.2** Klett-Archiv (David Ausserhofer, Wandlitz), Stuttgart; **5.3; 5.4; 5.8; 5.9; 5.10; 5.12; 5.13; 5.14; 5.16; 5.17; 5.18; 5.20; 5.21; 5.22; 5.25; 5.28; 5.29; 5.30; 5.31; 5.32; 5.33; 5.34; 5.35; 5.36; 5.41; 5.42; 5.43; 5.45; 5.46** Fotolia LLC, New York; **5.5; 5.6; 5.7; 5.11; 5.15; 5.19; 5.23; 5.24; 5.26; 5.27; 5.37; 5.38; 5.39; 5.40; 5.44** Fotolia LLC (South12th), New York; **7.1** Klett-Archiv (David Ausserhofer, Wandlitz), Stuttgart; **10.1; 10.2; 10.3; 10.4; 10.5; 10.6; 10.7; 10.8; 10.9; 10.10; 10.11; 10.12** Klett-Archiv (David Ausserhofer, Wandlitz), Stuttgart; **11.1; 11.2; 11.3; 11.4** Klett-Archiv (David Ausserhofer, Wandlitz), Stuttgart; **16.1; 16.2; 16.3; 16.4** Klett-Archiv (David Ausserhofer, Wandlitz), Stuttgart; **19.1; 19.2** Klett-Archiv (David Ausserhofer, Wandlitz), Stuttgart; **20.1** Corbis (Destinations), Düsseldorf; **20.3; 20.4; 20.5; 20.6** Klett-Archiv (Christian Günther, Leipzig), Stuttgart; **22.1** Fotolia LLC (Pavel Losevsky), New York; **22.2** Fotolia LLC (K.-U. Häßler), New York; **22.3; 22.7** Okapia (Frank Hecker), Frankfurt; **22.4** Klett-Archiv, Stuttgart; **22.5** Reinhard-Tierfoto, Heiligkreuzsteinach; **22.6** MEV Verlag GmbH, Augsburg; **23.1** Klett-Archiv (David Ausserhofer, Wandlitz), Stuttgart; **23.2; 23.3** Klett-Archiv (Christian Günther, Leipzig), Stuttgart; **23.5** Tierbildarchiv Angermayer, Holzkirchen; **26.1** Ullstein Bild GmbH (Imagebroker.net/Stefan Obermeier), Berlin; **26.3; 26.4; 26.5; 26.6; 26.7; 26.8; 26.9; 26.10; 26.11; 26.12; 26.13; 26.14; 26.15; 26.16; 26.17; 26.18; 26.19; 26.20; 26.21; 26.22; 26.23; 26.24; 26.25; 26.26; 26.27; 26.28** Klett-Archiv (Christian Günther, Leipzig), Stuttgart; **26.29; 26.30; 26.31; 26.32; 26.33; 26.34; 26.35; 26.36; 26.37; 26.38; 26.39; 26.40; 26.41; 26.42; 26.43; 26.44; 26.45; 26.46; 26.47; 26.48; 26.49; 26.50; 26.51; 26.52; 26.53; 26.54; 26.55; 26.56; 26.57; 26.58; 26.59** Fotolia LLC (Eric Isselée), New York; **26.60; 26.61; 26.62; 26.63; 26.64; 26.65; 26.66; 26.67; 26.68; 26.69; 26.70; 26.71; 26.72; 26.73; 26.74; 26.75; 26.76; 26.77; 26.78; 26.79; 26.80; 26.81** Klett-Archiv (Martin Adam, Berlin), Stuttgart; **27.1; 27.2; 27.3; 27.4; 27.5** Klett-Archiv (David Ausserhofer, Wandlitz), Stuttgart; **27.6** Klett-Archiv, Stuttgart; **32.1** shutterstock (aaleksander), New York, NY; **32.2** Imago (mm images/Berg), Berlin; **32.3** Klett-Archiv (David Ausserhofer), Stuttgart; **32.4** Fotolia LLC (danielschoenen), New York; **32.5; 32.7** Thinkstock (iStockphoto), München; **32.6** Klett-Archiv (David Ausserhofer, Wandlitz), Stuttgart; **32.8** Pixelio.de, München; **32.9** Fotolia LLC (Marcus Horn), New York; **32.10** Klett-Archiv (Susanne Della Giustina), Stuttgart; **32.11** VISUM Foto GmbH (A. Vossberg), Hamburg; **33.1** Klett-Archiv (David Ausserhofer, Wandlitz), Stuttgart; **33.2; 33.3; 33.4; 33.5; 33.6; 33.7** Klett-Archiv (Martin Adam, Berlin), Stuttgart; **33.8; 33.9; 33.10; 33.11; 33.12** URW, Hamburg; **38.1** Picture-Alliance (Horst Ossinger), Frankfurt; **41.1; 41.2** Okapia (Photri Inc.), Frankfurt; **41.3** Getty Images (Stephen Chiang), München; **41.4** shutterstock (Giuseppe R), New York, NY; **41.5** Corbis (Blend Images/Jose Luis Pelaez), Düsseldorf; **43.1; 43.2; 43.14** Klett-Archiv (Christian Günther, Leipzig), Stuttgart; **43.3; 43.4; 43.5; 43.6; 43.7; 43.8; 43.9; 43.10; 43.11** Klett-Archiv (Martin Adam, Berlin), Stuttgart; **43.12; 43.13** Klett-Archiv (Foto-Geuther, Rötha), Stuttgart; **43.15; 43.16** Klett-Archiv (David Ausserhofer, Wandlitz), Stuttgart; **46.1** Klett-Archiv (David Ausserhofer, Wandlitz), Stuttgart; **48.1** blickwinkel, Witten; **49.1** Imago, Berlin; **49.2** Klett-Archiv (Christian Günther), Stuttgart; **49.3** Getty Images RF, München; **68.1; 68.3** Picture-Alliance (Imagestate), Frankfurt; **68.2; 68.4** Interfoto (Fratelli Alinari/Colorpoint), München; **69.1; 69.3** Fotolia LLC (BildPix.de), New York; **69.2; 69.4** Thinkstock (Hemera), München; **70.1** Klett-Archiv (Christian Günter, Leipzig), Stuttgart; **71.1; 71.2; 71.3** Klett-Archiv (Martin Adam, Berlin), Stuttgart; **74.1** Klett-Archiv (David Ausserhofer, Wandlitz), Stuttgart; **80.1** Klett-Archiv (David Ausserhofer, Wandlitz), Stuttgart; **81.11; 81.12; 81.13; 81.14** Okapia (Photri Inc.), Frankfurt; **82.1; 82.2; 82.3; 82.5; 82.7; 82.8; 82.9; 82.10; 82.11; 82.12; 82.13** Klett-Archiv (Christian Günther, Leipzig), Stuttgart; **82.4** Picture-Alliance (PhotoAlto), Frankfurt; **82.6** Getty Images (UpperCutImages), München; **90.1** Klett-Archiv (David Ausserhofer, Wandlitz), Stuttgart; **92.1; 92.2** Klett-Archiv (Christian Günther, Leipzig), Stuttgart; **97.5** Erzgebirgsmuseum, Annaberg-Buchholz; **101.1** Klett-Archiv (David Ausserhofer, Wandlitz), Stuttgart; **108.1; 108.2; 108.3; 108.4; 108.5** Klett-Archiv (David Ausserhofer, Wandlitz), Stuttgart; **109.1; 109.2; 109.3; 109.4; 109.5** Klett-Archiv (David Ausserhofer, Wandlitz), Stuttgart; **118** Klett-Archiv (David Ausserhofer, Wandlitz), Stuttgart; **125.1** Klett-Archiv (Martin Adam, Berlin), Stuttgart; **125.2** Klett-Archiv (Christian Günther, Leipzig), Stuttgart; **23; 25; 44; 52; 53; 61; 81; 89; 94; 95; 99; 102; 103; 124; 125** Euro-Münzen und -Banknoten: © Europäische Zentralbank Frankfurt

Sollte es einmal nicht gelungen sein, den korrekten Rechteinhaber ausfindig zu machen, so werden berechtigte Ansprüche selbstverständlich im Rahmen der üblichen Regelungen abgegolten. Die Positionsangabe der Bilder erfolgt je Seite von oben nach unten, von links nach rechts.